# 建筑节能 100 问

本书编写组 编写

中国建筑工业出版社

图书在版编目(CIP)数据

建筑节能100问/本书编写组编写. —北京:中
国建筑工业出版社,2005
ISBN 7-112-07851-2

Ⅰ.建... Ⅱ.本... Ⅲ.建筑—节能—问答
Ⅳ.TU111.4-44

中国版本图书馆 CIP 数据核字(2005)第 131529 号

责任编辑:于 莉 姚荣华
责任设计:赵 力
责任校对:关 健 张 虹

**建筑节能100问**

本书编写组 编写

\*

中国建筑工业出版社出版、发行(北京西郊百万庄)
新 华 书 店 经 销
北京天成排版公司制版
北京云浩印刷有限责任公司印刷

\*

开本:787×1092毫米 1/40 印张:2½ 字数:70千字
2005年11月第一版 2005年11月第一次印刷
印数:1—10000册 定价:**10.00**元
ISBN 7-112-07851-2
(13805)

# 《建筑节能100问》编写组

编写人员：涂逢祥　李　萍　杨善勤　王美君
　　　　　郎四维　林海燕　方展和　温　丽
　　　　　刘月莉　郑瑞澄　付祥钊　王洪波
　　　　　白胜芳

插图绘制：尚家鹏

# 前　言

　　建设节约型社会已成为全社会的责任和行动。温家宝总理在全国做好建设节约型社会近期重点工作电视电话会议上的讲话中强调:"加快建设节约型社会,是缓解资源供需矛盾的根本出路,是贯彻落实科学发展观、走新型工业化道路的必然要求,是保持经济平稳较快发展、全面建设小康社会的迫切需要,是保障经济安全和国家安全的重要举措。"

　　节约能源是建设节约型社会的重点工作之一,而建筑节能又是能源节约的重要组成部分。建筑能耗一般是指建筑物使用过程中的能耗,主要包括:采暖、空调、生活热水、照明、家用电器、炊事等方面的能耗。采暖空调能耗占到60%以上。随着每年大量新建住宅和公共建筑的建成和人民生活水平和需求的不断提高,建筑能耗占全社会商品能耗的比例不断增加,已从1978年的约10%,升至2004年的27%以上。

　　建筑用能与人们的日常生活密切相关,建筑节能更需要百姓的认知与行动。本书以问答方式,选择与普通群众关系更加密切的相关问题,用比较通俗易懂的语言解答,并配以生动、活泼的漫画,向大众宣传建筑节能知识。内容包括:综合篇,主要介绍国家相关政策、法规和标准等;知识篇,主要介绍建筑能耗的构成,建筑物为什么要保温隔热,以及一些材料、设备等；实用篇，主要介绍一些建筑节能的措施和方法。

本书由建设部建筑节能中心组织多位建筑节能专家和科技人员分工编写，专业绘画人员绘制插图，主要面向普通百姓，是一本科普读物。希望通过本书的出版发行，使更多的人了解建筑节能知识，行动起来，从自身做起，共同推动建筑节能的发展。

本书的编写出版得到建设部科技司节能处梁俊强处长的关注与支持，特此致谢。

# 目　录

## 三、实用篇

# 一、政策综合篇

**1．什么是建筑节能?**

建筑节能是指在保证、提高建筑舒适性和生活工作质量的条件下，在建筑物使用的全过程中合理有效地使用能源，即降低能耗，提高能效。这里所说的建筑用能包括采暖、空调、热水供应、照明、电梯、炊事、家用电器等方面的能耗。其中采暖、空调和照明能耗占70%以上，因此建筑节能的重点是建筑采暖、空调和照明的节能。

目前，建筑用能占全社会商品能耗的近30%，并将继续增长。能源问题已成为制约国民经济发展、全面建设小康社会的主要因素之一。建筑用能与人民群众的利益密切相关，建筑节能需要全社会的共同努力。

 **2．为什么说要改善大气环境就必须抓紧建筑节能?**

各发达国家近来制定的节能政策，都是以减少矿物燃料燃烧的排放物为主要目标的。其原因是，所排放的烟尘等颗粒物以及二氧化硫和氮氧化物都会危害人体健康，是产生许多疾病的根源，还会造成环境酸化，酸雨会破坏森林，损坏建筑物。而产生的二氧化碳所产生的温室效应正在愈益加强，这将导致地球气候产生重大变化，从而危及人类生存。特别在我国，以煤炭为主要能源，主要受煤烟型污染，则危害更大。当前，以城市为中心的环境污染形势十分严峻。建筑用能也是造成大气污染的一个主要因素。目前，我国采暖燃煤排放的二氧化碳每年就有 2.6 亿 t，而 1t 二氧化碳就足以装满一个直径 10m 的大气球。今后，各类建筑越建越多，为此每年要增加能耗几千万吨，并相应增加二氧化碳排放量。因此为了改善大气环境，也必须抓紧建筑节能，以减少矿物燃料燃烧的排放物对大气的污染。

### 3．我国的建筑能耗状况与发达国家的差距有多大？

应该说，在二十世纪五六十年代，许多发达国家一般建筑围护结构的保温隔热情况与我国并没有显著的差异，那时能源价格便宜，人们并不在乎用能的多少。而在 1973 年世界能源危机爆发之后，石油价格飞涨，人们从经济利益上意识到节能的重要性，就一步一步地抓紧建筑节能。后来人们又认识到能源的大量燃烧正在造成温室效应，导致生态危机，更增强了节能的迫切性。由于建筑节能工作的进展，现在发达国家单位建筑的能源消耗，已降低到能源危机前的1/3～1/5。而我国尽管在20世纪80年代初就启动了建筑节能工作，但在很长一段时间里，只有北京、天津等一些大城市重视节

单位面积能量消耗比较

能问题，大部分地方缺乏行动，因而差距越拉越大。一般说来，我国单位建筑能耗为气候条件相近的发达国家的2～3倍。为了扭转我国建筑能耗过高的状况，我们需要做出长期艰苦的努力。

 **4. 国家出台了哪些有关建筑节能的法律、法规和标准？**

1998年实施的《中华人民共和国节约能源法》对建筑节能做出了规定，要求建筑物提高保温隔热性能，减少采暖、制冷、照明的能耗。

2000年建设部发布了第76

号部长令《民用建筑节能管理规定》。

国家建设部出台了一系列建筑节能方面的标准，其中主要有：

《民用建筑节能设计标准》（采暖居住建筑部分）；

《夏热冬冷地区居住建筑节能设计标准》；

《夏热冬暖地区居住建筑节能设计标准》；

《公共建筑节能设计标准》。

根据地方建筑节能工作进展的需要，2004年北京市和天津市还分别发布了节能率为65%的地方标准《居住建筑节能设计标准》。这些标准的发布和实施，意味着从北到南、从居住建筑到公共建筑，设计时都必须满足建筑节能标准规定的要求。

## 5．建筑节能30%、50%和65%是怎么回事？

根据我国建筑节能发展规划，从1986年起逐步实施节能30%、50%和65%的建筑节能设计标准。所谓节能30%、50%、65%，分为以下三种情况：

在严寒和寒冷地区，是指新建住宅建筑在1980～1981年

住宅通用设计（代表性住宅建筑）采暖能耗[折算成每平方米建筑面积每年用于采暖消耗的标准煤数量，kg标准煤/(m²·年)]的基础上分别节能30%、50%和65%。具体来说，是要节约相应比例的采暖用煤。

在夏热冬冷地区，是指在1980～1981年当地代表性住宅建筑夏季空调加上冬季采暖能耗(折算成每平方米建筑面积每年用于夏季空调和冬季采暖能耗的电能kW·h/(m²·年))的基础上分别节约30%、50%和65%。

在夏热冬暖地区，是指在1980～1981年当地代表性住宅建筑夏季空调能耗的基础上分别节约30%、50%和65%。

## 6．如何区分节能建筑、绿色建筑、生态建筑和可持续建筑？

绿色建筑是指在建筑物建造和使用的全过程中，消耗资源少，消耗能源低，对环境影响小的建筑。

生态建筑是指尽可能利用当地的环境和自然条件，不破坏当地的环境，确保生态体系健全运行的建筑。

可持续建筑是指以可持续发展观规划建造的建筑，追求降低环境负荷，与环境相融合，有利于居住者健康的建筑。

节能建筑是指达到或超过节能设计标准要求的建筑，着重满足建筑物能耗指标的要求。绿色建筑、生态建筑和可持续建筑都应该是节能建筑。

人们往往把绿色建筑、生态建筑理解为小区绿化和景观，这种认识是不正确的。

## 7. 低能耗、零能耗住宅是怎么回事？

零能耗住宅就是指不消耗煤、电、油、燃气等商品能源的住宅，其使用的能源为可再生能源如太阳能、风能、地热能，以及室内人体、家电、炊事产生的热量，排出的热空气和废热水回收的热量。

这种住宅的外围护结构使用保温隔热性能特别高的技术和材料，如外墙和屋顶包裹着厚厚的高效保温隔热材料，外窗框绝热性能良好，玻璃则使用密封性能很好的多层中空玻璃，且往往装

有活动遮阳设施，还有可根据人体需要自动调节的通风系统以及节能型照明灯具，有的还使用地源热泵或水源热泵。经过如此"包装"的住宅，尽管室外严寒酷暑，室内照样温暖如春，冬暖夏凉，节能又舒适。

在阴雨天、无风天，当太阳能、风能使用受限制时，可以接通公用电路，暂时使用很少量的商品能源。到可再生能源供应充裕时，则将多余电量送还给公共电网。

低能耗住宅的原理与零能耗住宅相近，只是需要使用少量的常规能源而已。

随着建筑节能工作的深入开展，低能耗和零能耗住宅必将在我国兴盛起来。

## 8．建筑节能检测是怎么回事？

建筑节能检测分为试验室检测和现场检测两种。目前，主要采取试验室检测对建筑围护结构的构件体系和产品的性能进行检测。如：对不同的外墙外保温体系的各种性能的检测，门窗的检测等。现场检测受气候条件、现场环境等多方面因素的约束与影响，检测复杂、需要的时间长，主要用于科研，验证实际的节能效果与设计计算是否相符。目前可采用的用于施工质量检查的现场检测包括建筑用红外热相仪进行保温

缺陷的检查，采用适当的设备对窗（门）的气密性检测，少量墙体热工性能的检测。

## 9．我国现行的城镇供暖收费制度为什么需要改革？

长期以来，我国"三北"地区城市居民的冬季采暖，一直实行的是"福利制"。城市居民的供暖费由其所在单位交纳，而作为单位的职工则享受免费采暖。

但是，随着社会主义市场经济的发展，上述福利性供暖已经越来越不适用了。一是因为冬季暖气带给我们的"热"和各家各户所用的电、水、燃气一样，也是商品，谁采暖自然应由谁来向供暖企业交供暖费，这是市场经济的规律和法则。二是城镇住房体制发生了变革，原单位所有的公房由居民个人购买，产权发生变化，职工单位没有义务再提供福利供热。如果不能正常交纳供暖费，供暖企业就无法保证供暖，因而只有实现供暖收费制度改革，由国家、单位和个人合理负担供暖费，才能解决好这一问题。为此，2003 年 7 月 21 日建设部等八部、委、局联合下发了《关于城镇供热体制改革试点工作的指导意见》[2003]148 号，拉开了"热改"的序幕。

## 10．我国城镇供热体制改革的方向是什么？

城镇供热体制改革是我国由计划经济体制向市场经济体制转变的一

个必要的组成部分。改革的总体方向是改变目前福利统包的供热体制，实行用热商品化、货币化、社会化，建立适合国情和适应社会主义市场经济要求的供热新体制。这种体制要求谁用热谁付

费，用多少热交多少钱。因此，供热价格和收费制度是改革的核心和关键。其基本思路，首先，要改变供热的补贴方式，即由过去的"暗补"改为"明补"，将补贴计入工资，热费超过的部分由个人承担；其次，热费的缴纳，由过去的单位统交改为由个人直接缴纳；第三，热价的管理方式，由过去按面积收费逐步转变为按计量的实际耗热量收费；与此同时，政府要出台相关政策，保证社会低保家庭和特困群体的基本采暖需求。

 **11. 供暖热价应如何构成？**

欧洲一些国家集中供热的计价办法采用两部制，往往是按每个单位建筑总耗热量的50％～70％，用热量表的记数分摊，即这部分为计量热价，其余30％～50％则为容量热价。其理由是：供热系统的建设和维护费用，必须由全体用户分担，即使某些用户外出不需要热，整个供热系统仍需运行，而且住宅楼的公共部分的热耗费用只能由各户分担；各住户之间的隔墙、楼板也互相传热，其中室温低的用户也应缴纳一定热费以补偿周围用户。

在我国沿用多年的按建筑面积计算热价的办法，已经不利于调动用热及供热双方的节能积极性，已不符合市场经济的要求，应该予以改革。改革后，城市供热的热价应由容量热价和计量热价两部分组成，即由固定费用和变动费用组成。以热用户的热容量为依据计算建设、维修、管理而投入资金的热价称为容量热价；而按用户的用热量和供热系统运营耗费的资金计算的热价，称为计量热价。

一般认为，我国今后的热价中，固定费用与变动费用之间的比例，固定费用宜略大于变动费用，以后随着市场经济的日趋成熟，逐步加大变动费用所占的比例，使变动费用大于固定费用，以进一步调动人们节能的积极性。

 ## 12. 供暖热计量收费与电、水、燃气计量收费一样吗?

各家各户在用电、用水和使用燃气的过程中，都会通过每户的电表、水表、燃气表的读数得出某个时间段该用户电、水和燃气的耗用量，并按此计量结果分别乘以单价，即是应向供电、供水和供燃气的企业交纳的相应费用，这是大家都十分熟悉的。

随着供暖收费制度的改革，"热"也将成为商品，似乎也应根据每块户用热表计量的结果乘以单价，即为用户向供暖企业交纳的供暖费。而实际上采暖热计量收费与电、水、燃气的计量收费是有区别的，它要相对复杂得多。

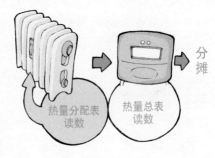

这主要是由于热的特殊性质决定的。热具有由高温处向低温处进行传递的特性，一个房间的热可以通过墙体传递到另一个房间，使得一户的热量传给另一户；同一栋楼的一些房间因朝向和所在楼层不同，在相同时间内它们消耗的热量大不相同。因此，采暖计量收费不可能像水、电、气那样计量收费。在集中采暖的区域内，住户不采暖也必须按规定缴纳一定的费用。

目前热计量收费大体有三种方法：一是在楼前供热管道进口处或在小区换热站安装一块大的热量表，根据其热计量结果，由全楼各户按面积分摊供暖费；二是每户安装一块户用热表，在查出户表读数后，需按规定进行合理的修正，再计算出该户的供暖费；三是只在楼的入口处安装一块大的热量表，每户不再安装户用热表，而是在每户的各个散热器上分别安装一块热量分配表，在查出各热量分配表读数后，再用大热表测出的全楼总热量进行各户分摊，分别算出各户全冬耗用的热量，并依此计算出各户的供暖费。

二、知识篇

# 13. 什么是温室气体？

从一万八千年前最近一次的冰河期到现在，地球温度升高了5℃。即大约平均一千年，地球温度升高0.5℃。而最近这一百年来就已经升高了约0.5℃。也就是说，最近一个世纪，地球实际升温速度比以往加快了10倍！问题是这才只是地球变暖的开端，严重得多的灾祸随后正在到来。预计到21世纪末，地球表面平均温度比现在还要提高1.4～5.8℃，变暖的过程将比过去发生的更快，这对人类和生物界是个极为严重的威胁。

地球变暖是人类活动产生温室效应造成的结果。产生温室效应的气体统称为温室气体。大气中能产生温室效应的气体已经被发现的有近30种，二氧化碳和其他微量气体如甲烷、一氧化氮、臭氧、氯氟碳以及水蒸气等一些气体就属于温室气体。在各种气体中，对于产生温室效应所起到的作用，二氧化碳大约占到66%、甲烷占到16%、氯氟碳占到12%。

**14. 为什么温室气体会使地球变暖?**

地球变暖是由温室气体产生的温室效应造成的。温室气体之所以能够使地球产生温室效应，是因为不同波长的热辐射通过温室气体时，其吸收程度大不相同。

地球的热量来自太阳。地球接收到的太阳辐射系短波辐射，而地球表面向宇宙发出的热辐射系长波辐射。由于地球表面大气中的二氧化碳等温室气体可以使由太阳辐射进来的短波容易通过，同时吸收地球

表面向宇宙发出的长波辐射，并能在很长的时间内保留下来，这对地球就形成了温室效应。

今天，地球已经经过了几十亿年的演化，使温室气体的浓度正好适应人体和生物界生存的需要。现在的问题是，由于人类大量燃烧能源以及其他活动，使大气中的温室气体浓度越来越高，温室效应越来越强，以致地球越来越暖和，地球"发烧"了。如果不及早采取有效措施加以控制，地球就要"发高烧"了。

**15．地球变暖对世界生态环境会造成什么影响？**

地球变暖将使全世界生态环境发生重大变化，例如，极地融缩，冰川消失、海面升高，洪水泛滥，干旱频发，风沙肆虐，物种灭绝，疾病流行等等，对人类和生物界造成大灾难，后果不堪设想。

2004 年，中国政府向联合国递交的气候变化初始国家信息通报指出，1985 年以来，中国已连续 16 年出现了全国大范围的暖冬。近 40 年来六大江河的径流量呈下降趋势。

20世纪80年代以来，华北地区持续偏旱。与此同时，中国洪涝灾害也频繁发生，特别是进入20世纪90年代以来，多次发生大洪水。中国山地冰川普遍退缩，西部山区冰川面积减少了 21%。预计到 2030～2050 年，气候变化会使粮食生产潜力降低约10%，其中小麦、水稻和玉米三大作物均以减产为主。20世纪50年代以来，中国沿岸海平面呈上升趋势，近几年尤为明显。预计到2100年，中国沿岸5个区域海平面将上升31～65cm，从而影响沿海河流两岸淡水供应，并使水质降低。

情况已很清楚，地球变暖造成的巨大的生态灾难已经开始到来，并将愈演愈烈。如果继续放任自流，后果将更加严重。

经过千百万年的演化，地球上现有的品种纷繁的动植物已经适应了当地的自然生态环境,各种生物通过物质循环和能量流动,形成了平衡的生态系统。地球气候变暖则打乱了这种生态格局，破坏了这种平衡。到21世纪末，全世界115个最有科学价值的野生动物栖息地,将有80%由于气候变化而遭到毁灭，现在地球上1/3~2/3的动物物种以及其他有机体将会消失。这种物种大规模灭绝的恐怖现象，就和6500万年前恐龙消亡时差不多。

地球和天空是人类和生物界共同拥有的，人类与生物界的关系是休戚相关、互相依存的关系。保护地球环境，善待地球上的生物，也就是拯救人类本身。人类要摆脱目前的困境，必须改变自身的行为，寻求与大自然之间协调、和谐的发展。对于缓解地球温室效应来说，就应该尽量减少温室气体的排放。

**17. 为什么搞建筑节能既节能又省钱?**

　　与不节能的传统建筑相比，节能建筑由于采取了多项节能措施，一般说来，是要增加投资的。根据所采用的节能技术的不同，所增加的费用和所取得的收益也不一样。根据一些试点资料分析，以建筑节能投资增加额与住宅建筑本身的造价相比，节能50%时约占7%～10%。如果与住宅开发建设费用相比，则所占的比例还要小得多。与此同时，从规划设计的角度分析，可以节约采暖制冷系统建设的投资，在建成使用后可以节约能源支出，还可以节约运行管理费用。也就是说，节能投资可以回收，回收期多在3～7年左右。可见搞建筑节能，其投资可以很快回收，并在住宅寿命期间受益。而且节能建筑冬暖夏凉，居住舒适，有利于增进健康，提高工作效率，又由于少用能源，燃烧煤炭和石油类燃料减少，可以减轻由此产生的大气污染和温室效应，造福人类，造福子孙。

　　可见，只要算大账，算总账，搞建筑节能不仅是合算的，而且是高效益的、荫及子孙后代的。这也说明了，为什么各发达国家都十分热衷于搞建筑节能，这是因为本国的经济专家十分精明地把账全面算清楚了，搞建筑节能合算省钱。

**18．为什么严冬在保温不好的室内人体会感到寒冷？**

严冬，室外温度大大低于室内温度，而热量总是由温度高的一侧向温度低的一侧传递，即由室内传向室外。如果建筑外围护结构保温不良，传热速度就快，传热量就多。冬天，保温和气密性不好的建筑物，室内的热量通过房屋的外墙、屋顶和门窗，大量迅速传往室外，又通过建筑开口部位及门窗缝隙吹进冷风，并把已在室内加热了的热空气排出室外，使室内温度降低。其结果是人体表面因散发的热量过多而感到寒冷。因此，尽管向室内供暖充分，但由于房屋散热过快，仍然难以维持适宜的温度。也就是说，保温不好的建筑既严重浪费能源，又使生活在室内的人们很不舒服，甚至生病。因此，加强建筑保温，对于保护人民健康，特别是保障老年人和儿童的健康也是十分重要的。

 **19．为什么盛夏在隔热不良的室内人体会感到酷热？**

盛夏，白天太阳辐射强度很大，室外空气温度很高。房屋外层被太阳晒热以及室外高温空气加热后，如果屋顶和外墙隔热不良，高温就很快从外表面传到内表面，使屋顶和外墙的内表面温度升得过高。这个高温的屋顶和外墙内表面，就会向室内发出很多辐射

热。在这样的房间里人的身体接受的热辐射很多，使自身应该散发的热量难于散发出去，因此感到炎热。特别是风速小甚至无风时，人体散热更感到困难，酷热难当。

 ## 20．为什么湿冷更冷、湿热更热？

我国长江流域广大地区冷天气温低而湿度高，也就是冬天湿冷；而我国整个东部地区热天气温高而湿度也高，亦即夏天湿热。

湿冷使人更觉寒冷。因为在寒冷的冬天，人们与外界的接触中要散失较多热量，又要维持一定的体温，不能由于外界的低温

而使身体散发过多的热量。但是，既潮湿又寒冷的空气接触人体皮肤，使皮肤要加热潮湿的水蒸气，增加了人体的散热量，因而使人冷上加冷。

湿热则使人更加闷热。因为在炎热的夏天，人们在与外界的接触中要接受较多的热量，又要维持一定的体温，不能由于外界的高温而在体内集聚过多的热量，这时出汗是热天人体散热的一种重要手段，汗液蒸发时要吸收人体的热量。如果出汗时空气干燥、风大，汗液蒸发就快，吸收的热量就多，人就会感到比较凉快；如果空气潮湿，加上没风，汗排不出去，人体散热就较困难，因而使人热上加热。

##  21．为什么冬天冷辐射和冷风使人更觉寒冷？

一般情况下，人们冬天常用室内空气温度作为热舒适性的一个主要指标，这当然是可以的。然而，在相同的室内空气温度下，如果墙壁、屋面和窗户表面温度很低，又有冷风吹袭，人体会觉得更加寒冷。这是为什么呢？

冬天，保温越好的房屋，其墙壁、门窗和屋顶的内表面温度，越接近室内空气温度，在这种建筑物里，即使冬天室内空气

寒气

带走人体热量

保温不好的房间

温度并不很高，也仍然相当舒服。而保温不好的房屋，其墙壁、门窗和屋顶温度较低的内表面，不断与室内的人体皮肤表面进行辐射换热，也就是说，四周向人体发出大量冷辐射，从而使人体表面失热过多，人就会感到更加寒冷。

空气流通使人体散热加快，密封良好的建筑，室内空气运动速度较小，因空气对流带走的人体热量不多；但密封不好的建筑，冬天，由于寒风吹入室内，不断吹过人体表面，带走人体更多的热量，就会使人感到寒冷。

由此也可以看出，提高建筑物内表面温度，减少冷辐射，加强建筑气密性，降低对流失热，有利于改善建筑热舒适性。

## 22．为什么夏天热辐射使人更感炎热？

在人体与其周围环境之间保持热平衡，对人的健康与舒适来说，是首要的要求之一。在夏天，人体如果受到热辐射，为保持人体热平衡，就必须通过空气对流及蒸发散热使热散发到周围空气中去，这就加大了蒸发与对流的

热辐射

散热负担。因为夏季周围空气的温度高、湿度大，对流散热量小，甚至是环境通过对流向人体传热，这时人们就会大量地出汗，通过蒸发散热来保证人体热平衡。然而如果建筑的围护结构热工性能较差，在炎热的夏天其内表面温度就会比较高，造成人体难以向周围表面辐射热量甚至反而得到辐射热，从而使人感到炎热；与围护结构热工性能好的情况相比，要保持相同的舒适程度，就会要求降低室内的空气温度以增加对流散热，从而增加了空调能耗。

## 23. 什么是室内热环境？

室内热环境是指影响人体冷热感觉的环境因素，这些因素主要包括室内空气温度、空气湿度、气流速度以及人体与周围环境（包括四壁、地面、顶棚等）之间的环境热辐射等。适宜的室内热环境是指室内空气温度、湿度、气流速度，以及环境热辐射适当，使人体易于保持冷热适度，从而感到舒适的室内环境条件。（杨善勤 王洪波）

空气温度、空气湿度和气流速度对人体的冷热感觉能够产生影响，这一点容易被人们所感知、所认识，但环境热辐射对人体冷热感产生的影响，往往不易被人们所感知、所认识。实践经验告诉我们，在室内空气温度虽然达到标准（例如16～18℃）但在有大面积单层玻璃窗或保温不足的屋顶和外墙的房间中，人们仍然会感到寒冷，而在室内空气温度虽然不高，但有地板或墙面辐射采暖的房间中，人们仍然会感到温暖舒适。这些是由于环境热辐射造成的。

室内热环境是对室内空气温度、空气湿度、气流速度和环境热辐射的总称。

## 24. 冬天热量是怎样从建筑中散失的?

冬季，在寒冷地区室内都有采暖设备，此外人体、炊事、家电、照明等的散热和太阳通过墙体、屋面和窗传入的辐射热，使得室内温度很高。由于室外温度比室内温度低

热量散失

很多，存在很大温差，而且建筑物的围护结构（包括外墙、屋顶、门窗和地面等）不可能完全绝热和密闭，因此，热量必然从温度较高的室内，向温度较低的室外散失。在向外散失的总热量中，约有70%～80%是通过墙体、屋面结构的传热向外散失的，其余约有20%～30%是通过门窗缝的空气渗透向外散失的。

## 25. 冬天有些房间结露是怎么回事?

一些住宅建筑的外墙和屋顶中存在许多热桥部位。在冬天，外墙四

大角、屋面檐口、外墙与内隔墙和外墙与楼板连接处、墙板和屋面板中的混凝土肋等热桥部位的内表面，以至于整面山墙和屋面板的内表面都有结露或严重结露，甚至淌水或滴水。在有厨柜、床铺等遮盖的墙面和壁柜内侧，严重结露，甚至长霉，住户室内潮湿，衣物及粮食受潮、长霉，严重影响居民生活和身体健康。

出现结露现象是由于围护结构保温不足，且存在明显的热桥部位，在供暖不足、室温偏低、湿度偏高的条件下，围护结构及热桥部位内表面温度低于室内空气露点温度而引起的。

 ## 26．为什么室内应不断补充新鲜空气？

空气是人体生命活动所不可缺少的物质。人体在维持自己生命的新陈代谢过程中，要不断吸入空气，并不断呼出废气，空气中氧气约占21％，还有约占0.03％的少量二氧化碳。在呼出的气体中，所含的氧气和二氧化碳成分的比例，与吸进的空气相比，发生了很大变化：氧气减少了20％，而二氧化碳大约增加了100倍。也就是说，由于人体呼吸活动的结果，在一个密闭的室内，空气中二氧化碳的浓度会逐渐增加。

除了人体呼吸以外，烧水做饭等燃烧活动，也要消耗氧气，并产生二氧化碳、油烟、多种碳氢化合物以及湿气和一些气味等；在室内洗衣、晾晒衣服、淋浴、清洁等活动也会产生湿气；室内有人吸烟会散发尼古丁气味；室内的某些家具或者墙壁涂料、墙纸里所含的溶剂，也会逐步散逸出来；室内存放的一些物品，特别是蔬菜、瓜果食品，尤其是在腐败时也会发出一些气味。这些气味、湿气和烟尘使人不快，对健康不利，都需要及时排出。

由此可见，不断向室内补充新鲜空气，并排出污浊空气，亦即通风换气，是保证人体正常生活与健康的基本需要。

## 27．为什么节能建筑能改善室内热环境，做到冬暖夏凉？

在节能建筑中，为了节约采暖和空调能耗，除了一般采用高效节能、便于调控和计量的采暖和空调设备之外，还加强了围护结构的保温和隔热性能，以及提高门窗的气密性，起到隔热保温的作用。

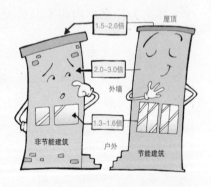

根据国家规范的规定，符合节能要求的采暖居住建筑，其屋顶的保温能力约为一般非节能建筑的1.5～2.6倍，外墙的保温能力约为一般非节能建筑的2.0～3.0倍，窗户的保温能力约为一般非节能建筑的1.3～1.6倍。节能建筑一般都要求

采用带密闭条的双层或三层中空玻璃窗户，这种窗户的保温性能和气密性要比一般窗户好得多。

由于节能建筑的围护结构的保温性能较好、门窗的气密性较高，因此，在冬季可以防止室内热量的散失；在夏季，可以起到隔热的作用。从而保证室内冬暖夏凉，明显改善室内热环境。

## 28．为什么有些顶层和端头房间冬冷夏热？

一般顶层房间和端头房间的外露面积较大，外露的屋顶和外墙的保温性能不好是造成这类房间冬冷夏热的主要原因。

在冬季，外露的屋顶和外墙加大房间的热量损失，使室内温度降低。同时由于内表面温度较低，且面积较大，与人体之间的辐射换热量也较大，这时即使室内温度保持正常，人们仍然会感到寒冷。

在夏季，屋顶和外墙受到强烈的太阳辐射和室外高温的作用，其内表面温度必然上升，使室内温度升高的同时，由于其内表面温度较高、面积较大，因此与人体之间的辐射换热也必然较大，即使室内温度与一般房间接近，人们仍然会感到很热。

## 29．夏季室内过热的原因是什么？如何防热？

在炎热的夏季，建筑物在强烈太阳辐射和室内外温差的共同作用下，通过屋顶和外墙将大量的热量传入室内，室内还有生活和生产产生的热量。这些热量，是使室内气候发生变化并引起过热的原因。

建筑防热的主要任务是尽量改善室内热环境，减弱室外热作用对建筑物的影响，改善建筑物及其围护结构的保温隔热性能，尽量减少从室外传入室内的热量，并使室内热量尽快散发出去，以避免室内过热。主要措施有：

（1）环境绿化，以减弱室外热作用对建筑物的影响。

（2）围护结构隔热，特别是屋顶和西向外墙隔热。

（3）房间自然通风，以排除室内热量和改善人体舒适感。

（4）窗户遮阳，以遮挡直射阳光进入室内，改善室内热环境。

##  30．建筑形态与建筑能耗有关系吗？

建筑形态的变化直接影响建筑采暖空调的能耗大小。建筑节能设计中的关键指标之一是体形系数，是指单位建筑体积所分摊的外表面积。体形系数越大，外表面积就越大，因而热损失也就越大。从节能的角度讲，应将体形系数控制在一个较低的水平。建筑形态复杂，凹凸太多，就会造成外表面积增大，从而造成建筑能耗增加。低层和少单元住宅对节能不利，而对于高层住宅，在建筑面积相近条件下，高层塔式住宅的耗热量指标比高层板式住宅的高10%～14%。体形复杂、凹凸面过多的点式建筑对节能更为不利。

但是，体形系数不仅影响建筑物外围护结构的传热损失，它还与建筑造型、平面布局、采光通风等紧密相关。体形系数过小，将制约建筑师的创造性，造成建筑呆板，平面布局困难，甚至损害建筑功能。因此要权衡利弊，两者兼顾，尽可能减少房间的外围护面积，即体形不要太复杂，凹凸面不宜过多。

## 31．窗墙面积比与建筑能耗之间存在什么关系？

窗墙面积比是指窗户洞口面积与房间立面单元面积的比值。窗墙面积比反映房间开窗面积的大小，是建筑节能设计标准的一个重要指标。研究结果表明，在寒冷地区，即使是南向窗户太阳辐射得热，窗墙面积比增大，建筑采暖能耗也会随之增加，对节能不利。其他朝向窗户过大，对节能更为不利。在夏季空调建筑中，空调运行负荷是随着窗墙面积比的增大而增加。窗墙面积比为50%的房间，与窗墙面积比为30%的房间相比，空调运行负荷要增加17%～25%。大面积窗户，特别是东西向大面积窗户，对空调建筑的节能极为不利。如果采取有效的遮阳措施，则情况将有所改善。

## 32. 建筑朝向与建筑能耗有关系吗?

建筑朝向对建筑物获得的太阳辐射热量,以及通过门窗缝隙的空气渗透传热等有很大的影响。在冬季采暖能耗中的建筑物能耗,主要由通过围护结构传热失热和通过门窗缝隙的空气渗透失热,再减去通过围护结构

传入和透过窗户进入的太阳辐射热构成。研究结果表明,同样的多层住宅,东西向比南北向的建筑物能耗要增加5.5%左右。通过门窗缝隙的空气渗透损失的热量也与建筑朝向有密切关系。因此,为了降低冬季采暖能耗,建筑朝向宜采用南北向,主立面宜避开冬季主导风向。

在夏季空调能耗中的建筑能耗,主要由透过窗户进入和通过围护结构传入的太阳辐射热量、通过围护结构传入的室内外温差传热和通过窗缝隙的空气渗透传热构成,而其中的太阳辐射热量是空调能耗的主要组成部分。因此,夏季空调能耗与建筑朝向密切相关。研究结果表明,在窗墙面积比为30%时,东西向房间的空调运行负荷比南北向房间的要大24%~26%。

## 33. 自然通风是如何影响建筑能耗的?

自然通风是当今建筑普遍采取的一项改善建筑热环境、节约空调能耗的技术。采用自然通风方式的根本目的就是取代（或部分取代）空调制冷系统。当室外空气温湿度较低时，自然通风可以在不消耗能源的情况下降低室

自然通风

空调病

内温度，带走潮湿气体，达到人体热舒适的室内环境。空调所造成的恒温环境会使人体抵抗力下降，引发各种"空调病"，而自然通风可以排除室内污浊的空气，从而降低了空调降温能耗。

自然通风与建筑能耗的关系，要取决于室外的气象条件。我国的大部分地区，在春秋季节，室外气温满足人体舒适要求，利用自然通风，在不消耗能量的前提下，可以起到显著改善室内热舒适条件、增进人体健康的功效。但在夏季，却应该区别对待。夏季的白天，室外空气温、湿度高于室内，热风进入室内势必增加空调能耗；而在夜间，往往可以利用室外空气，排除室内散热，省去了夜间的空调能耗，同时降低了围护结构的蓄热，可以降低第二天的空调能耗。

## 34．建筑中有哪几种最常用的保温隔热材料？

建筑中使用的保温隔热材料品种繁多，其中使用的最为普遍的保温隔热材料有两类：无机保温材料有膨胀珍珠岩、加气混凝土、岩棉、玻璃棉等，有机保温材料有聚苯乙烯泡沫塑料、聚氨酯泡沫塑料等。这些材料保温隔热效能的优劣，主要由材料热传导性能的高低（其指标为导热系数）决定。材料的热传导愈难（即导热系数愈小），其保温隔热性能愈好。一般地说，保温隔热材料的共同特点是轻质、疏松，呈多孔状或纤维状，以其内部不流动的空气来阻隔热的传导。其中无机材料有不燃、使用温度宽、耐化学腐蚀性较好等特点，有机材料有吸水率较低、不透水性较佳等特色。

聚苯乙烯泡沫塑料有膨胀型和挤出型两类，加入阻燃剂后有自熄性。膨胀型聚苯乙烯板材由于轻巧方便，使用十分普遍；挤出型聚苯乙烯强度高，耐气候性能优异，会有较大发展。聚氨酯泡沫塑料按所用原料不同，分为聚醚型和聚酯型两种，经发泡反应制成，又有软质和硬质之分。此外，还有一种铝箔保温隔热材料，系用铝箔与牛皮纸粘合后，与瓦楞纸复合制成板材，也可用聚氯乙烯片镀铝模压制成，可多层设置，作为夹层墙体或屋面，体轻、防潮、保温、隔热性能均好。

## 35．保温材料为什么必须防潮？

保温材料一般都是体轻、疏松的物质，呈多孔状、纤维状或粉末状，内部含有大量静止的空气。由于空气是热的不良导体，这些密闭的空气起着良好的保温作用。但如果保温材料受潮，即水分侵入保温材料内部，则其中的一些空气为水分所取代。水的导热系数要比静止的空气大20多倍，如果其中的水分再受冻结成冰，则冰的导热系数要比静止的空气大80多倍。由此可见，受潮的保温材料，导热性能明显增强，而保温性能则大为降低，材料的含湿率越高，则保温性能降低愈多。因此，保温材料在运输储存和使用过程中，必须保持干燥状态，避免受潮。

## 36．外墙外保温有什么好处？

将高效保温材料置于外墙主体结构外侧的墙体，称为外保温复合外墙。这种墙体的优点包括：

（1）外保温材料对主体结构有保护作用，室外气候条件引起墙体内部较大的温度变化，发生在外保温层内，避免内部的主体结构产生大的温度变化，使主体墙寿命延长。

（2）有利于消除或减弱局部传热过多的热桥作用，如果采用内保温，则热桥问题就相当严重。热桥作用会产生热损失，产生冷凝结露现象，造成对建筑物的破坏，影响使用寿命。

（3）主体结构在室内一侧，由于蓄热能力较强，可避免室温出现较大波动。

（4）既有建筑采取外保温进行改造施工时，可大大减少对住户的干扰。

（5）有些居民对新房要重新进行装修。在装修中，内保温层容易遭到破坏，外保温则可避免发生这种问题。

（6）外保温可以取得很高的经济效益。虽然外保温造价比内保温高一些，但只要采取适当的技术，单位面积造价可以增加不多。但由于比内保温增加了使用面积，实际上使单位使用面积造价降低，加上节约能源及改善热环境等优点，总的效益是十分显著的。

## 37. 外墙保温有哪些成熟的技术？

外墙保温技术归纳起来可以分为两大类：单一材料和复合外墙。

单一材料，即采用单一的保温、隔热性能指标好的产品作为墙体材料，达到节能标准的要求。如加气混凝土砌块、ALC加气混凝土板材等。

复合墙体，即在结构墙体上复合保温隔热材料。按照复合方法可分为三种：

（1）内保温做法，在外墙内侧贴保温板或抹聚苯颗粒胶粉。但是内保温做法在内外墙交接处、圈梁处等部位会形成"热桥"，出现结露现象。一旦出现问题，维修时对住户影响较大。

（2）夹心保温做法，把保温材料（聚苯、岩棉、聚氨酯等）放在墙体中间，形成夹心墙。

（3）外保温做法，在墙体外侧增加保温措施。粘贴聚苯板或现场喷涂聚氨酯等。外墙外保温体系是应用比较广泛的技术，外保温的热工效率高，不占用室内空间，对保护主体结构有利，可延长房屋的使用寿命，适用于现有房屋的节能改造。

## 38. 为什么建筑物需要加强保温？

在围护结构（包括屋顶、外窗、门窗等）单薄、保温不足的建筑中，虽然依靠采暖设备多供热量，也能保持所需的室内温度，但是，采暖供热量必须大大增加。不仅如此，保温不足的围护结构，易受室外低温的影响，从而导致内表面温度过低，引起结露、长霉、潮湿，使室内热环境恶化。从保证室内

适当的热环境，以及从降低建筑物传热热损失的角度出发，建筑物都需要加强保温。

 **39．为什么旧房装修兼顾建筑节能可以一举两得？**

现在，许多原有建筑正在陆续进行装修改造，如果能与建筑节能改造结合起来同时进行，虽然要增加一些费用，但是能够提高建筑用能效率，延长既有建筑使用寿命，改善室内热环境，减少房屋结露的危险，避免夏天过热，冬天过冷，也就是说，有利于改善居民的健康，提高工作效率，并且使人力物力财力大为节省。

在旧房装修的同时，可以增加墙体和屋面保温层，改用多层中空玻璃保温窗，门窗加密封条，单管串联的室内采暖系统可以加设跨越管、安装温控阀和热分配表，也可以改为双管系统。旧房装修与建筑节能结合进行的结果，能取得多方面的成效，而节能改造费用则能够大大节约。

（王美君）

## 40．为什么房屋装修时不应破坏保温层？

现在，房屋装修已成热潮。在装修工程中，有的住户要将原有壁面凿除。这种做法，对于抹有普通砂浆的墙体来说，凿掉一些砂浆面层，对结构本身影响并不很大，但对于已采取节能措施，做了内保温层的建筑来说，就会发生一些始料不及的问题。因为内保温的基本做法，多系在贴上比较松软的保温层（聚苯板或岩棉板等）后，再罩以硬质面层。居民如果凿除墙体内表面层，则势必很快露出内部松软的保温层，甚至连

保温层

保温层一概清除，再在结构层上抹灰找平。这样做，装修工作虽然可以完成，然而，除去保温层后，这种墙体结构的保温性能就变得很差，冷天整个外墙就会成为一面冷墙，墙面温度很低，室内的大量热量被墙

面吸收向室外散发，能源浪费严重；同时大面积的冷墙对室内人体进行冷辐射，会使人体更觉寒冷；在寒冷天气里，墙上还会结露，甚至淌水、结冰，日后表面形成污渍，发霉长菌，既不雅观，又影响卫生和住户的健康。因此，住户在装修前一定要了解墙体构造，要根据原有构造做好装修设计与施工，千万不要破坏保温层，否则会招致很多麻烦，难以解决。

## 41. 门窗的保温性能和气密性对采暖能耗有多大影响?

通常在采暖住宅建筑中，通过门窗的传热损失的热量与空气渗透损失的热量相加，约占全部损失热量的50%左右，其中传热和空气渗透约各占一半。因此，门窗的保温性能和气密性对采暖能耗均有重大影响。

近年来，我国各种类型的保温节能门窗大量涌现。其中，聚氯乙烯塑料门窗（因框料内附有薄壁方钢，故又称塑钢门窗）的保温性能和气密性都较好，外形美观，使用寿命达20年以上，已逐渐被人们所认识和广泛采用。此外，玻璃钢框料中空玻璃窗和铝合金框断热中空玻璃窗，其保温性能、气密性及其他功能质量也较好。采用这类保温节能门窗对改善室内热环境和节约采暖能耗有显著效果。

## 42. 为什么要使用门窗密封条?

一些门窗由于制作和安装质量不良，缝隙不严，冷天透风量大，在刮大风时空气渗透尤为严重，室内冷风习习，寒气逼人，而且室外灰尘、烟垢、风沙也随之刮进室内，人们不得不经常打扫房间。隔音效果不好，常年都有噪声干扰，对生活造成诸多不便。门窗缝隙还是浪费能源的一大漏洞，有些居住建筑由于空气渗透造成的耗热量，约占整个建筑采暖耗热量的30%左右，除一部分是为了通风换气正常需要以外，很大一部分是不必要的，是对热能的巨大浪费。

在建筑节能多项技术措施中，采用门窗密封条效益较高且费用较低，取得的效益与消耗的费用相比为最优，同时使用又最为简便，住户容易自己动手安设。因此，门窗密封条成为建筑节能的首选技术措施。如果你家已安设了门窗密封条，在每个冬季开始以前，应该检查一下密封是否仍然有效。做法是在刮风的日子，把手掌伸到接缝处，看能否感觉到有冷风吹过。如果密封不良，应及时更换。

 ### 43．为什么冬天一定要关好楼梯间的门窗？

冬天关好楼梯间的门和窗，看起来是一件极为平常的小事，但对于寒冷地区和严寒地区住宅建筑节能却是一项简单易行的有效措施。

冬季，我国寒冷地区和严寒地区的室外空气温度均较低（或很低)，室内外存在较大温差。在室内外温差作用下，通过建筑外围护结构传出的热量，需要由采暖(或空调)系统进行补充。为了保持住宅建筑楼梯间的温度，寒冷地区和严寒地区的住宅建筑在设计时均采取了相应的措施，如提高楼梯间门窗

的保温性能，严寒地区住宅建筑楼梯间内设置散热器进行采暖等。通常，楼梯间墙及户门的保温性能远低于外墙，由此导致室内向楼梯间大量散热，既造成能量的浪费，又影响室内热环境。特别是在严寒地区，当夜间供热采暖系统间歇时，住宅楼内散热器和管道内的水可能结冰，从而导致散热器和采暖管道被冻坏。因此，为了节约能源和资源，同时在实行热计量收费后节省采暖费用，冬天一定要关好楼梯间的门和窗。

###  44. 为什么冬天要密封好屋顶上人孔?

为了便于检查屋顶情况及进行检修，楼梯间屋顶上均设置了上人孔，上人孔处设有顶盖。一般情况下，上人孔顶盖都应该是关闭的，特别是在冬季上人孔顶盖则更须严密封实。空气在楼梯间内被加热后，由于其

密度变小而上升，经上人孔排出室外，冷空气则不断地从室外经楼梯间的门、窗缝隙进入楼梯间内。楼梯间如同一个抽气的烟囱，内部的热量不断被流动的空气带走，楼梯间内的温度降低，室内与楼梯间的温差增大，因而从室

内向楼梯间的传热量也不断增加，导致室内温度降低，使人感到不舒适。因此，保证室内热环境质量，冬天一定要将屋顶上人孔密封好。

## 45. 门窗对空调降温能耗有多大影响？

在围护结构中，门窗（主要是窗户）的朝向、面积和遮阳状况，对空调降温能耗的影响很大。研究结构表明：当窗墙面积比为 30% 时，东西向房间的设计日冷负荷及运行负荷，分别比南向房间的要大 37%～56% 及 24%～26%，随着窗墙面积比的增大，东西向房间设计日冷负荷及运行负荷增加的幅度比南北间的要大得多。窗户（特别时东西向窗户）的遮阳状况，对空调负荷有重大影响。采用有效的遮阳措施（如活动式遮阳蓬、浅色可调百叶窗帘等）能较大幅

东西向开大窗

度降低空调负荷。房间的空气渗透对空调负荷也有一定影响。当房间的换气次数从0.5次/h增至1.5次/h，设计日冷负荷及运行负荷分别要增加41%及27%。

由此可见，窗户应有良好的遮阳措施和气密性，是节约空调降温能耗的关键措施，应尽量避免东西向开大窗。

## 46．什么是中空玻璃？

中空玻璃是由两片（或两片以上）平行的玻璃板粘合而成的玻璃组件。其两片玻璃板间通过间隔条（注满专用干燥剂－高效分子筛吸附剂）隔出一定宽度的空间，并使用高强度密封胶沿着玻璃的四周边部进行密封。中空玻璃构造示意图描述出目前使用较为普遍的中空玻璃结构构造。

由于中空玻璃在构造上存在空气夹层，从而有效地降低了传热系数，达到节能的目的，同时隔声性能也很好。

根据玻璃构造不同，中空玻璃又有PET双中空玻璃、LOW－E中空玻璃等多个品种。若中空玻璃中充装氩气等惰性气体，将进一步增大中空玻璃的热阻；若采用热反射镀膜玻璃或低发射率镀膜玻璃组成的中空玻璃，更可以显著提高外窗的保温性能。

## 47. 什么是镀膜玻璃?

在用于建筑的玻璃表面涂镀一层或多层金属、合金或金属化合物薄膜成为镀膜玻璃。通过镀膜改变了玻璃的光学性能,进而改善了玻璃的传热特性,能够大幅度地降低建筑能耗。镀膜玻璃按产品的不同特性,可分为以下几类:热反射玻璃、低发射率玻璃(俗称低辐射玻璃或LOW—E玻璃)、导电膜玻璃等。在建筑上应用最多的是热反射玻璃(又称阳光控制膜玻璃)和低发射率玻璃。它们各自的特性不同,作用功能也不相同。热反射镀膜玻璃的作用是有效限制太阳直射辐射热进入室内,用于夏季光照强烈的地区隔热作用十分明显。低发射玻璃的主要特点是具有减少辐射传热的功能,从而有效降低玻璃的传热系数。因此应根据不同地区的气候特点合理选择使用镀膜玻璃,以达到最佳节能效果。

## 48. 为什么中空玻璃窗比单层玻璃窗保温性能好?

根据选用玻璃的不同,建筑外窗目前有单层玻璃窗、中空玻璃窗、真空玻璃窗和双层窗之分。由于玻璃面积在外窗面积中所占比例较大(65%~75%),玻璃的保温性能对外窗的传热量影响十分可观。改善外窗保温性能的一个重要途径是合理选用玻璃,中空玻璃窗的保温性能比单层玻璃窗要好很多。

中空玻璃由两层玻璃构成，两层玻璃构造之间形成了密闭空气间层，该空气间层的热阻远大于单层玻璃的热阻，因此，中空玻璃的保温性能远优于单层玻璃。也就是说，如果窗框型材、五金件和断面设计完全相同，而仅仅是所选用玻璃不相同的两种外窗，中空玻璃形成的空气间层，起到了减小外窗传热系数的作用。外窗传热系数小，有利于降低建筑能耗，同时，外窗传热系数越小，冬季窗玻璃内表面温度越高，室内的热舒适度就越高。

从节能的角度看，在外窗设计中改变玻璃构造，将窗玻璃由单层玻璃改为中空或双中空（或真空加中空）玻璃，外窗的保温性能会明显提高保温性能。

 ## 49. 采用双层玻璃窗与单层玻璃窗的房间热舒适状况有何不同？

在同样寒冷的气候条件下，采用双层玻璃窗的房间比采用单层玻璃窗的房间较为舒适。其原因是人与窗户玻璃内表面辐射换热的不同。如果室外温度为 $-10°C$，室内温度为 $20°C$，在采用单层玻璃窗时，窗玻璃表面温度为1℃，此表面大量吸收靠近窗户人体的辐射热，使人感到不适；而在采用双层玻璃时，窗玻璃内表面温度提高到10℃，因此这个表面与靠近窗户人体的辐射换热大为减少，人体就没有不舒适的感觉。

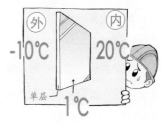

## 50．为什么遮阳能起到节能作用？

窗户使用能反射太阳热量的玻璃或者装有外遮阳设施，可以使住宅的隔热性能大大提高，夏季需要空调降温的天数相应减少。比如说，在夏天可能有的房子需要开12小时的空调保持室内舒适温度，如果房间的窗户遮阳做得好，并且房屋采用了很好的隔热材料，那么空调只需开8小时就够了，这样能够节约电费。

根据遮阳设施与窗户的相对位置，遮阳可分为内遮阳和外遮阳两大类。一般说来，外遮阳的效果要比内遮阳好得多。因为内遮阳是将已经透过玻璃进入室内的太阳辐射再反射出去一部分，而外遮阳则是将绝大部分太阳辐射挡在窗外。

虽然外遮阳的效果要比内遮阳好得多，但在实际建筑中，内遮阳远比外遮阳用得普遍。这是因为内遮阳要比外遮阳简单得多。例如任何一种窗帘都是一种内遮阳设施，而外遮阳设施则需要特意设置。

选择使用内遮阳还是外遮阳应根据具体情况和条件而定。例如在北方地区，由于夏季比较短，遮阳的需求不是很大，一般使用窗帘、百叶卷帘等安装和使用都比较简单的内遮阳就可以了。而在南方地区，由于夏季很长，太阳辐射又非常强烈，多付出一些代价，安装和使用外遮阳是值得的。

## 51. 窗帘设置不同对节能的作用有多大？

一般家庭和宾馆的窗户上都安有窗帘，不少家庭和宾馆还时兴安装长窗帘，即落地窗帘，认为这样显得很气派。冬天夜间气温较低，外出者回家，正是更需要采暖的时候，这时把窗帘拉上，由于目前暖气大多安装在窗下，而落地窗帘恰恰又把暖气片遮在窗帘外，使大量热量通过窗户散向室外，进入房间的热量就少了。因此这种做法既浪费热量，也降低舒适性。应提倡采用把窗户盖严的短窗帘。如果窗外还设一层百叶窗帘，则保温效果更佳。窗帘及百叶窗帘设置方法不同时，窗的耗热量比例存在很大差异，也就是说窗帘遮住暖气时，要多消耗40%的热量。而用短窗帘加上百叶窗帘，可减少耗热量30%。

同样，由于太阳辐射中的能量有一半集中在可见光波段，造成了建筑半透明围护结构及窗帘选择上的"两难"：要充分利用可见光实现室内自然光照明，减少电气照明能耗，但同时会带来更多的日射得热，增加空调能耗。而选择太阳热辐射透过率低的窗玻璃及窗帘，会减少可见光照明，增加电气照明能耗，照明散热量又会加大空调负荷。因此要选用合适的窗帘，如夏季选用纱布窗帘等，实现隔热与有效利用太阳能的科学结合。

## 52．热反射窗帘是怎样起作用的？

热反射窗帘是在化纤布表面镀上厚度不足千分之一毫米的特种金属后制成，此种窗帘冬天能保温，夏天可隔热，使居室冬暖夏凉，能耗减少，而且美观实用，价格便宜。

玻璃窗、墙体材料对人体和其他物体产生的红外热辐射的吸收率在90％以上，只有微量反射率。冷天，这些材料吸收室内热辐射后，逐渐传往室外，使室温降低。热反射窗帘布的反射率则为60％～80％，挂上这种窗帘后，从室内人体和物体辐射到窗帘上的绝大部分热量，都会被窗帘反射回来。这样，与不挂此种窗帘的房间相比，冬天室温就会提高。

冷天，当人靠近窗户时，由于人和窗户之间存在着辐射换热，人会感到身上很冷。如果窗上挂了热反射窗帘，窗帘表面的温度会比玻璃表面温度高出很多，这时，人在窗户附近时也不会有寒冷的感觉。

夏天，太阳光和周围物体向室内辐射的热量，也主要是通过窗户进入的。白天挂上热反射窗帘，就可以将大部分热量反射回去，以保持室内阴凉。到了夜间，室外气温降低，就拉开窗帘，让凉风进入室内。

热反射窗帘为布质材料，其中金属的一面为银白色光泽，另一面的颜色、图案花纹则可以自由选择，成为室内美观的装饰品。

## 53. 百叶窗是怎样起作用的?

百叶窗的基本功能包括通风、遮阳和隐蔽。现在这种过去多用于室内的构件逐渐地走到了室外，并成为建筑立面的一个重要的元素。百叶作为外立面元素，其性能有了新的发展：(1)密封性好，保证了百叶在完全关闭时能隔绝外界噪声、尘土、风雨；(2)通过调节百叶片的角度，可保证室内自然通风，通风与遮阳兼顾；(3)抗风性能增强；(4)消防自动排烟、通风结合；(5)多种开启方式：百叶能与门窗结合，组成平推门／窗，平开门／窗等。百叶为立面的造型做出了突出的贡献，甚至开始主导某些建筑的外立面设计。

百叶的形态多种多样，从材质来分，它包括塑料百叶，金属百叶，木质百叶以及玻璃百叶等。

## 54．百叶窗帘是怎样起作用的？

为了遮挡阳光，也为了美化环境，许多家庭和公共建筑采用了百叶窗帘。当然，百叶窗帘还有保温隔热，以及阻隔窗外视线等作用。百叶窗帘的叶片可用布料、塑料、木料或金属制成，有垂直及水平两种叶片布置型式。

百叶窗帘的优越性就在于它可以根据室内使用的需要以及阳光照射角度的变化，灵活调节。可以全部闭合或部分闭合，全部打开或部分打开。在阳光照射强烈时，可以全部闭合，这对于空调建筑特别有利；在阴凉天气或需要眺望时，可以全部打开；在需要部分日照光线，但又要遮挡视线时，可以使光线进入；在需要间接日照光线时，则可使叶片反射日光，让光线散射进入室内，使光线柔和。有的百叶窗叶片还有放热面及反射面两个不同的表面，冬季白天用吸热面向外吸收热量提高室温，夏季则用反射面朝外以遮挡日照。智能百叶窗帘还可以自动调节。由此可见，只要百叶窗帘制作和使用得当，可以创造出舒适性更好的室内环境，并起到节能作用。

## 55．为什么供暖系统经常大量丢水对节能十分不利？

供暖系统是由热源、管网和室内系统三部分组成的一个闭式循环系统，在循环水泵的推动下，热水在其中循环往复地流动，实现为用户供热。为了保证供暖系统正常运行，要及时补充供暖系统丢失的水。大量补水会造成能源浪费，个别严重的急骤失水事故，甚至会影响系统正常上水和锅炉的安全运行，这是十分危险的。

首先，供暖系统中的水是经过水处理的软化水（甚至是除氧水），其价格比自来水要昂贵得多。丢失的系统水是经过锅炉加热后的热水，当供暖系统丢水后，补进锅炉的只能是冷水，还要再次经过加热，造成能源的浪费。同时也增加了水处理的成本。

其次，当系统大量丢水后，为了做到及时补水，往往要大大增加除氧及水处理设备制备合格水的压力，这就会给正常运行带来很大的困难，一旦因设备容量不足，供应不上合格水，就只好直接补充未经处理的硬水，将会缩短锅炉的寿命。

## 56．为什么在暖气片后安设热反射板能提高室温？

暖气片即散热器一般靠墙安设，大多是靠外墙安设的。通上暖气后，离暖气片很近的那部分墙体也被烤热，即靠近暖气片的墙体的内表面温度要比其他部分墙体的内表面温度高，因此，这部分墙体往外传送、散失的热量也比其他部分墙体多。由于散热多了，当然会使室内温度降低。如何用简易可行的方法使此处墙体散热量减少，从而使冷天室温得到提高呢？

在暖气片后外墙内表面贴上热反射板(或膜)就是一个经济简便的好办法。热反射板由塑料片镀覆以热反射材料制成。此种热反射板安设简便，只要将暖气片后外墙清扫干净，用双面胶带粘住就可以了。

暖气片后墙面贴上热反射板后，此处墙体向外传热量减少，也就是起到了增温节能作用。墙体保温性能愈差，热反射板的增温节能作用也愈突出。因此，在我国目前墙体保温性能普遍较差的现状下，加设热反射板不失为一个增温节能的好办法。

## 57．为什么要对阳台门架设保温层？

阳台门一般由两部分组成，上部为透明部分，有采光作用；下部为门心板，为不透明部分。过去，阳台门心板多为薄钢板制成，冬天冰凉，夏天灸热，对保温隔热及室内热环境产生不良影响。为此，阳台门心板内部夹入保温板或外贴高效绝热材料保温。这样在冬天能够减少了向室外的散热量，有利于节能。而且由于增加保温措施的阳台门，冬天内表面温度升高，夏日内表面温度降低，使人体接近时不会产生不适感。

一些住户在房屋装修时拆掉了阳台门，或者是不安装阳台门。由于一般阳台都是外挑出的，节能措施相对薄弱，这样就大大增加了房屋采暖空调的能耗。所以应该采取在阳台周边板和底板处增设保温层，采用中空玻璃窗和遮阳窗帘等节能措施，以减少建筑能耗。

## 58．为什么不应该在暖气（散热器）前放置家具？

有些家庭或办公室，在散热器前面放上沙发、床或者桌子等家具，使沙发靠背、床头或者桌子抽屉的一部分甚至全部将暖气片遮挡住。这样布置家具的结果，使散热器周围的空气对流受到阻碍，散热器发出的辐射热也被家具遮拦住了。因此，尽管暖气片温度很高，其热量还是难以向室内自由散发，还会烤干木材使其扭曲、开裂。所以，建议摆放的家具有碍暖气散热的家庭，特别是冬天室温不高的房屋，请把家具重新布置一下，把靠暖气片附近的家具搬开，让散热器真正起到散热作用。

## 59．为什么加上暖气罩后房间会不热了？

为了使房间美观，人们在房屋装修时一般都要安装暖气罩。在加上暖气罩后，人们发现房间比过去冷了很多，这是为什么呢？

散热器即暖气片加热周围的空气，然后热空气不断上升流走，冷空气不断流来再被加热，这样循环不已，形成空气对流，使散热器内热水的热量转移到室内。如果散热器被暖气罩封闭，就不能形成空气的对流，散热器就难以通过对流放出热量。再则，由于散热器表面温度高于室内物体温度，散热器的热表面不断向四周的物体和墙壁发出热辐射，以此来加热房间。热辐射是直线进行的，如果散热器被罩起来，则散热器的热量只能辐射到罩的内表面，再通过加热罩的外表面，进行二次辐射，辐射热大为减少。这样，由于室内得不到暖气罩前散出的热量，所以房间就不热了。

## 60．什么是户用热表？有什么用途？

户用热表比单独记录流量的电表、水表和燃气表要复杂得多。热表必须是综合热水的流量与供、回水温度差二者乘积的累计仪表。

目前，住宅设计中早已普遍推行的"三表到户"（即以户为单位安装水表、电表和燃气表），对于节约水、电和燃气均已起到积极的作用。最近几年，国外"调控室温、计量收费"的多种模式及产品已陆续传入我国，而我国也已开发出国产的户用热表。

户用热表虽是一种可实施分户热计量收费的装置,但是,它比较贵,对采暖系统的水质有较高要求。同时对于住宅楼来讲,当采用户用热表时,其室内采暖系统必须按户分环,水平布置;一般都在热表前安装过滤器,以防止堵塞影响热表计量精度。但是,由于热的特性所致,不能只按照热表的读数计算热费。

 ## 61.什么是热分配表?有什么用途?

要实行供暖计量收费制度,就意味着住户要按其户内的全部散热器散发到室内的散热量来缴纳采暖费。热分配表是用来测量散热器表面向房间散发出的热量的仪表,安装在房间内的每个散热器上。只要在住户中的全部散热器上安装这种热分配表,就可以得到该户全部散热器的散热量,用以计算热费。

热分配表有两种:蒸发式热分配表和电子式热分配表。蒸发式热分配表由两个测量玻璃管和刻度尺组成,测量管内含有纯化学物质、无毒液体。基于蒸发原理,热分配表记录的液体挥发量即为耗热量。每年更换一次装满液体的测量管，采暖期结束后记下液体挥发刻度，采用规定的计算方法计算分摊热费。采用热分配表计量热费，必须在建筑物或换热站处安装有热量表进行热计量计费，再用热分配表按户进行热费分摊。

## 62. 什么是温控阀？如何使用？

当前，大部分应用散热器采暖的房间是不具备室温调节功能的，住户在室温太高时，只能以开窗的方法来调节温度，这样将大大浪费能量，在这种情况下实行采暖费用计量收费显然是不合理的。所以，不论从提高室内热环境舒适度，或者是计量收费的角度出发，首先要让住户能自主地调节室温，温控阀（又称散热器恒温阀、恒温阀等）就是用来让用户自主调节室温的装置。

温控阀可以确保各房间的室温达到要求的温度，同时，更重要的是当室内获得"自由热"（又称"免费热"），如阳光照射，室内热源－炊事、照明、电器及人体等散发的热量，而使室温升高时，温控阀

会及时减少流经散热器的水量，达到节能的目的。

这种温控阀使用十分方便，用户可以通过旋转温控阀上部调节旋钮，让旋钮上的温度设定值调节到要求的室温值，这样温控阀便能自动地

控制和调节进入散热器的热水量，而保持室温恒定。

# 63. 地板采暖是怎么一回事？

从原理上分析，散热器是通过室内空气自然对流来加热房间空气的。采取这种采暖方式时，由于热气流不断上升，被置换的温度低的空气下降，再次被散热器加热，形成了房间高度方向上的室温分布（称之为温度梯度）不均匀。地板采暖则是另一种采暖形式，它是在地板内埋入热水管路（应用抗老化、耐高温、耐高压及有柔韧性的塑料管），通以低温热水（如35～55℃），均匀加热地板，这种地板成为一个低温辐射加热源。由于是整个房间的地面均匀地辐射放热，室温分布均匀。地板采暖（或地板辐射采暖）与一般散热器采暖相比，还具有如下优点：热容量大、热稳定性好，尤其是在间歇供暖情况下室温变化较为缓慢；室内空气不产生明显的对流，减少尘埃飞扬和墙面家具等的污染；不占室内使用面积，便于室内装修和布置。

这种方式采暖由于房间上下温度较均匀，显然比散热器对流式采暖节能。国外有关工程的经验证明，只要按16℃室温计算负荷设计的地板采暖系统，其室温效果可以与以20℃计算室温设计的散热器采暖系统相当。

## 64．安置太阳能热水器有什么好处？

随着生活水平的不断提高和居住条件的改善，广大群众对生活热水的要求日渐迫切，目前绝大多数的城市家庭都购买安装了热水器，部分商品住宅还设置了集中供热水系统；在不同种类的热水器中，太阳能热水器有其独特的优势。

我国的太阳能资源十分丰富，全部省区都可全年或季节使用太阳能热水器。

太阳能是取之不尽、用之不竭的清洁能源。使用太阳能热水器的最大好处是可以节约电、天然气等常规能源，同时节省用户交纳的电费和燃气费；此外，还起到减少大气环境污染、减少 $CO_2$ 温室气体的排放、减缓全球气温上升趋势的作用；建设节约型社会，保证经济的可持续发展。

一个三口之家安装一台 $2m^2$ 太阳热水器（平均价格2000元）即可满足基本热水需求。按中等日照条件概算，这 $2m^2$ 太阳能热水器每天获得的有效热量相当于 5 度电。按北京市居民用电电费每度 0.48 元计算，每年使用 150 天节

优点多多

节约常规能源

节省交纳的电费燃气费

减少大气环境污染

减少温室气体排放

减缓地球气温上升趋势

约电费 360 元，只需几年即可收回太阳能热水器的投资。

## 65．如何使太阳能热水器与建筑物配合良好？

过去太阳能热水器都是在房屋建成之后才由用户自行购买，再由热水器企业或经销商上门安装；但是这种方式会带来一些不好的后果——比如可能会影响房屋的使用功能，破坏城市景观以及造成安全隐患等。所以今后正确的发展方向应该是在建筑物开始建设时就同时考虑设计安装太阳能热水器，然后与房屋一起出售给购房者。

建筑物上最适宜安装太阳能热水器的地方是屋顶，其次是南向阳台，也可安装在墙面上。不论安装在什么位置，建筑结构都要能承载热水器装满水后的重量；安装时，要有防风抗翻倒、防坠落、防雷击措施等，以保证安全。在屋面上安装的热水器基础上要预留和预埋连接件，并且不能破坏屋面的防水层。穿出屋面的立管，应做好结合部位的防水处理，以免造成屋顶漏水。

新建建筑应预先设置通向屋顶的管道井，将各种水管安装在管道井中；如果要在平屋顶上设置安装太阳热水器，应设计通向屋顶的楼梯，以便在维护管理太阳能热水器时上下方便。太阳热水器安装在南向阳台时，通向卫生间、厨房的水管较长，应做好管道保温，预埋好穿墙套管和固定用管卡，并做好管道外罩装饰，避免影响居室美观。

# 三、实用篇

## 66．节能建筑对于用户有哪些好处？

节能建筑保温隔热好，窗户密闭严，室内的热量不易散失，"冷气"易于保持，居住舒适性提高，采暖空调能耗可大量降低。对那些需要自负采暖、空调费用的住户，更能体验到费用的减少。现在有些住户将自家阳台栏板加强了保温，门窗改成了中空玻璃，可见建筑节能的意识正在增强。

新建的节能建筑安装了室温调控装置，住户可以根据需要适度调节室内温度。采暖收费体制改革以后，将做到用多少热，交多少费，住户在采暖用热方面，将完全掌握主动权，实现按需要用热，避免能源的浪费，节省开支。

## 67．节能住宅对人们的居住环境有哪些改善？

以往的住房外墙和屋顶结构单薄，保温隔热不够；窗户简陋关闭不严，功能质量差。冬天寒冷透风，窗墙结露淌水的现象屡见不鲜；夏天墙面烫手，热气逼人，有时室内感觉比室外还热，令人难以忍受。

现在的节能建筑，加强了外墙和屋顶的保温隔热，改进了门窗的密闭和热工性能，居住条件有了很大的提高。冬天室内暖气不易散失，室外寒气不易侵入；夏天室外热气不易传入，室内空调冷气容易保住。室内各部位温差较小，气温均衡，给人们创造了一个舒适的空间。

由于窗户加厚和玻璃层数增加，密闭良好，大大提高了隔声效果，使外界的各种噪声不容易传入室内，让住户有一个良好宁静的居住环境。窗户关闭紧密，堵塞了缝隙，室外的风沙尘土难以进入室内，既减少了打扫卫生的时间，又能保持干净清洁，这是人们身体健康必不可少的保证。

 ## 68. 选购新建节能住宅时应注意什么？

住房是否达到节能设计标准，很难直观定量判断，应在建设过程中加强监管，保证功能质量。最有效的办法是经过一两个冬夏的实际运行检验。但是建筑节能是否达标，一般是针对整体楼房平均而言，具体到各家各户的采暖空调能耗，则可能因处于建筑物的不同部位而有差别。在当前集中供热按建筑面积计收取采暖费的情况下，这种差异并没有引起人们的关注，以后要计量收费时，就必须根据建筑物的不同情况、住户所处的不同部位，实行合理的修正和分摊。

但对于非集中供热，需要自行采暖和采用电采暖的住户而言，这种差异就无法避免。因此，建设单位在售房时就有义务在这方面向购房者做出明示。购房者需要根据住房在建筑物中所处位置的视野、景观、日照、通风等条件，以及采暖空调可能的运行费用等等，进行全面的分析，权衡利弊来判断其房价是否合适，以免日后在采暖费用方面，与建设单位产生矛盾和纠纷。

 **69. 怎样鉴别新建建筑是否达到节能标准的要求?**

在我国，只要符合建筑节能设计标准的建筑，就可以称之为节能建筑。建筑节能设计标准是建设节能建筑的基本技术依据，其中强制性条文规定了主要节能措施、热工性能指标、能耗指标限值等要求。

一般节能住宅都应采用中空玻璃窗；如果外墙采用聚苯板薄抹灰外保温体系，可以用手敲击外墙面，发出"咚咚"的空洞声，如果采用夹心保温体系，可以在墙面上的空调孔中触摸到保温材料。房地产开发企业在销售其开发建设的住宅时，应在《住宅使用说明书》中注明所售商品房的结构形式及其节能措施、围护结构保温隔热性能指标等基本信

息。购房者可以通过《住宅使用说明书》来了解所购住房的墙体、门窗、屋面等的热性能指标，参照当地相关的建筑节能设计标准，就可以知道其是否达到了节能标准。

 ## 70．如果所购新房达不到节能标准，能说质量有问题吗？

如果住户所购的新房属于节能建筑，而未达到开发商所承诺的节能标准，可以认定其存在节能方面的质量问题，可以根据已有的规章维护自己的权益。

我国已经颁布了一系列建筑节能设计标准，明确了强制执行的内容和指标。建设部于2005年发出了《关于新建居住建筑严格执行节能设计标准的通知》，要求切实抓好新建居住建筑严格执行建筑节能设计标准的工作，对不执行或擅自降低建筑节能设计标准的单位制定了相应的处罚措施，并要求各地建设行政主管部门建立监督举报制度，受理公众举报。

北京市从2005年3月15日起开始使用的新版《北京市商品房预售合同》第十八条对"住宅节能措施"规定，强调"该商品房为住宅的，应当符合国家有关建筑节能的规定和北京市规划委员会、北京市建设委员会发布的《居住建筑节能设计标准》(DBJ01—602—2004) 的要求。

未达到标准的商品房，出卖人应当按照《居住建筑节能设计标准》的要求补做节能措施，并承担全部费用；因此给买受人造成损失的，出卖人应当承担赔偿责任"，以此保证住户的权益。

## 71．对新购住房的节能状况应该注意些什么？

根据建科[2005]55号《关于新建居住建筑严格执行节能设计标准的通知》要求，房地产开发企业要将所售商品住房的结构形式及其节能措施、围护结构保温隔热性能指标等基本信息载入《住宅使用说明书》。因此，当您购买了新建住宅时应仔细阅读《住宅使用说明书》，查阅上述信息是否列明，并注意：一、外墙和屋面等外围护结构的保温隔热性能、门窗的热工性能和密闭性；二、外墙和门窗的结合是否严密，门窗是否设置了两层甚至三层玻璃；三、在建筑材料方面是否选择的是节能性较好的复合材料；四、新建居住建筑如果是集中采暖系统则应当使用双管系统，以使于实行供热计量收费，并装有室温调节控制装置。

## 72．节约采暖能耗的主要途径有哪些？

冬季，为了保持室内温度，建筑物必须获得热量。建筑物获得的总热量包括采暖设备供热、太阳辐射热量和建筑物内部的炊事、照明、家电和人体散热等。这些热量会通过围护结构的传热和通过门窗缝隙的空气渗透向外散失。因此，对于建筑物来说，节能的主要途径是：减少建筑物外表面积和加强围护结构保温，以减少传热的热量损失；提高门窗的气密性，以减少空气渗透的热量损失。在此前提下，尽量利用太阳辐射的热能和建筑物内部产生的热量，最终达到节约采暖供热量的目的。

对于采暖供热系统来说，节能的主要途径是：改善采暖供热系统的设计、安装、调试和运行管理，以提高锅炉的运行效率；加强管道的保温，以提高室外管网的输送效率；室内系统安装调控装置，用户可根据热需求自行调节，可以实现行为节能和充分利用太阳辐射或照明等其他途径得热。

 ## 73．如何改善顶层和端头房屋的冬冷夏热问题？

作为房屋的使用者或居民可以采取下述方法对住房进行改造来改善冬冷夏热问题：

（1）结合装修采用保温性能和气密性较好的塑料窗（又称塑钢窗），或中空玻璃断热铝合金窗代替原来的钢窗或木窗。

（2）在平屋面防水层上面铺设100～150mm厚加气混凝土块，或铺设混凝土薄板等架空隔热层，或涂刷白色或浅色涂料。

（3）在外墙内侧加轻质高效保温隔热层（如抹20～30mm厚保温砂

浆等），或在外墙外表面涂刷白色或浅色涂料。

(4) 在屋顶（或顶棚）内表面贴低辐射系数材料（如铝箔等），以降低屋顶内表面与人体之间的辐射换热。

## 74. 如何加强建筑物保温？

加强建筑物保温，实际上是指提高围护结构的传热阻（或减小传热系数），使之符合国家现行有关标准规范的要求。具体的做法是：对于外墙和屋面，可采用多孔、轻质、具有一定强度的加气混凝土单一材料外墙和屋面板，以及由轻质高效保温材料和结构材料组成的复合外保温墙体和屋面；对于窗户（包括阳台门），可根据地区气候条件和节能要求，采用不同等级保温性能和气密性的窗户。

## 75. 如何避免建筑结露？

建筑物内部的表面温度持续低于空气露点温度，结露现象就会出现。避免建筑结露的主要措施有：

(1) 加强围护结构、特别是热桥部位的保温，采用外保温墙体和屋面，提高房间外墙内表面的温度，以及采用中空玻璃或三层玻璃窗户和保温阳台门、户门和外门，不但有利于节能，而且有利于避免结露。

(2) 冬季采暖建筑中的温度和湿度应保持正常，门窗不宜过于密闭，室内应有适当的通风换气。

(3) 在南方地区的居住建筑中，地面亦应采取适当的保温措施，面层应采用微孔吸湿性材料，以避免或缓解梅雨季节地面结露。

(4) 在已经出现结露的建筑中，可结合房屋的装修，采用中空玻璃塑料窗等保温窗代替原来的钢窗，在外墙内侧抹 20~30mm 厚的轻质保温砂浆等，提高围护结构的保温性能。

## 76．怎样加强建筑物隔热？

加强建筑物的隔热可采取下列措施：

(1) 屋面和外墙表面做白色或浅色饰面，以降低表面对太阳辐射热的吸收。

(2) 屋面设置架空通风层，以减弱太阳辐射对屋面直接照射。

(3) 屋面采用挤塑型聚苯板的倒置屋面，即在防水层上面铺设挤塑型聚苯

板，其上再铺设约50mm厚的混凝土板或卵石层。

（4）外墙采用厚度为175～200mm的加气混凝土墙体，或厚度为240～370mm的黏土多孔墙体，或混凝土等重质材料与轻型高效保温材料组成复合外保温或夹芯保温墙体，隔热效果较好。

（5）提高窗户的遮阳性能，如采用活动式外遮阳篷、可调节浅色百叶窗帘等。

## 77．节约空调降温能耗有哪些主要途径？

节约空调降温能耗的主要途径有：

（1）采用适当的室内温度，例如26～28℃。如果采用较低的室内温度，不仅空调降温能耗会大幅度增加，而且也不利于人体健康。

（2）采用耗电量小、制冷量大（即能效比大）的节能型空调设备，并合理地运行。

（3）采用节能型家电和节能灯，尽量排除炊事散热，以减少建筑物内部产生的热量。

（4）空调建筑或空调房间尽量避免东、西向，及在

东、西向开大的窗户。否则，窗户应有良好的遮阳措施。空调房间避免设在顶层，如设在顶层，则屋面应有良好的隔热性能。外墙，特别是西墙和东墙，应有良好的隔热性能。

 ## 78. 怎样减少通风能耗?

首先要掌握适时通风，从而达到新风处理消耗的能量最小，并最大限度地利用新风的自然冷却能力。例如，夏天在白天特别是午后室外气温高于室内时，限制通风，避免热风侵入，遏制室内气温上升，减少室内蓄热；在夜间和清晨，室外气温低于室内时强化通风，加快排除室内蓄热，降低室内气温。

其二就是在卫生通风时，要尽可能提高新风的利用效率。例如住宅，新鲜空气首先应进入居室，再从居室到厨房或卫生间，从厨房或卫生间排到室外。人们往往喜欢打开厨房、卫生间的窗户，有时这将造成通风效率的下降。因为这时新风首先到达厨房、卫生间，被污染后再进入居室，为达到卫生标准的要求，就必须加大通风量，增加能耗。

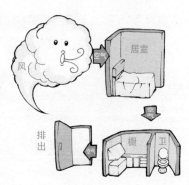

其三就是要合理地利用自然通

风。自然通风本身不消耗能量，是一种节能的通风方式。

# 79．不同的门窗密封条各适用于什么地方？

在发达国家，尽管门窗构造严密，制作安装精度高，在门窗上仍安设有密封条。所生产的多种多样的密封条系列产品，适用于不同场合。有的采用软橡胶片，有的采用泡沫塑料带，有的则用化学纤维与硬塑料复合制成，其弹性及耐久性能都很好。密封方法有的是采用挤压型密封，有的则用毛刷擦接遮挡。固定方法有的是自粘的，可以自行粘结在框和扇上；有的则嵌入门窗的留槽内；有的则采用钉子钉固方法。归根到底，所用密封条的类型和规格要与自己的门窗情况相适应，才能得到良好的效果。不同密封条的适用范围各有不同，有些刷状或片状密封条，是用钉子钉在门窗接缝处，只能用于木门窗；对于门的底部，以用刷状或橡胶密封条为好；而密封膏与金属粘结性能好，能在24～48小时内自行凝固，其厚度可根据现场实际需要调节，适用于金属门窗；一些自粘性能好的泡沫塑料密封条，用挤压密封方法，适用于不同材料制成的窗户，其厚度应与门窗的缝隙宽度相匹配；至于

嵌入槽内的刷状或塑胶密封条则要与门窗槽口相配合。

## 80．门窗框周边的缝隙应该如何密封？

对于旧建筑，由于门窗在长期使用中受到反复撞击，以及温度、湿度变化引起的变形，往往使得门窗框周边与墙之间的嵌缝材料碎裂、脱落、出现缝隙，这种缝隙会产生冷风渗透、风沙侵入等不良后果。因此，发现门窗框周边出现缝隙，应及时处理。最简单的办法是，先清理干净接缝外墙体并浇水湿润，再用1份水泥和3份中砂适当加水拌和，然后抹严、抹实、抹平。这种方法可行，但耐久性不好。比较好的办法是用一种硅基的密封膏，挤注在清理好的缝隙中，然后抹平。这种密封膏有一定的弹性，可保持密封而不开裂。如果门窗框周边与墙之间的缝隙较宽，则需先塞入聚苯或聚氨酯泡沫塑料条或喷注发泡聚氨酯材料入内，作为衬底，然后再抹上或挤注密封材料。

## 81．怎样安设挤压型密封条？

挤压型密封条是将密封条安设在门窗框扇之间的接缝内，通过框与扇之间的挤压，形成密封。对于一般平开窗来说，采用挤压型密封条最容易做到窗的密封。这种密封条的固定方法，以自粘最为简单方便。密封条的材料和形状有多种多样，矩形断面密封条用泡沫聚氨酯或泡沫聚氯乙烯材料制成，一般是自粘性的，适用于内开窗和外开窗。还有一种硅橡胶管条，由于硅橡胶耐久性非常好，其管壁可以做得很薄，可用于不同缝宽的窗户间隙，关闭门窗压缩管壁时用力很小，以用自粘性的为好，适用于内开窗和外开窗以及翻转窗。

自粘型密封条不能牢固地粘结在脏污的表面上。为了保证粘结牢固，应将粘结表面清洗干净，并在安装密封条前做到完全干燥。所选用的密封条厚度，应适应门窗周边间隙尺寸。密封条的安设部位，以安在门窗框上为好，此处受气候影响比安在开启扇上要小些。在门窗框的铰接一侧，挤压密封条应该安在框侧面，以使密封条受挤压而不受剪切，在非铰链侧则安在相对的挤压面上。

 ## 82. 怎样选用节能窗？

建筑外窗作为建筑的重要部件，有采光、通风和丰富的建筑外观功能，同时也是围护结构中重要的能量散失环节。节能型建筑门窗是指其保温隔热性能(传热系数)和空气渗透性能(气密性)两项物理性能指标达到(或高于)建筑节能设计标准的要求。节能门窗可以是单层窗也可以是双层窗，甚至在高纬度严寒地区可能采用三层窗。

节能窗窗框采用低导热系数的材料。如PVC塑料型材、新型断热桥铝合金窗型材、玻璃钢型材、钢塑共挤型材以及高档产品中的铝木复合材料、铝塑复合材料等等，这样可从根本上改善普通金属外窗由于窗框的热传导带来的较大的能量损失。

设计合理的密封结构，并选用具有耐候性强、不易收缩变形、手感柔软的材料作为密封条，改善建筑外窗的气密性能。

采用中空玻璃、镀膜玻璃、真空玻璃等措施，提高玻璃的热阻值。

不是所有的塑料门窗在任何地区都是节能门窗。例如：单玻塑料推拉窗，其传热系数为 $4.60\sim4.68W/(m^2\cdot K)$，气密性为 $1.3m^3/(m\cdot h)$，就不能满足北京地区节能建筑设计标准，在这类地区就不能称其为节能门窗。

 ## 83．哪几种遮阳设施比较好？

在春秋季节，有时需要采暖，有时需要制冷，同样夏天随着室外温度的升高，室内光线增强、温度升高，不得不打开空调或拉上窗帘。因此需要用先进系统来灵活控制。可调节式遮阳允许用户选择需要的遮阳程度。

使用遥控电动遮阳软帘，夏季降下遮阳软帘可有效阻挡太阳辐射能，降低中央空调热负荷，冬季升起遮阳软帘又可充分吸收太阳辐射能、降低供热负荷，从而起到节能降耗的作用。

如今一种价格低廉、技术领先的智能玻璃可以解决这些烦恼了。这种玻璃在室外温度升高时，会因红外线透过率下降使屋内亮度保持不变；而当室外温度下降时，红外线透过率升高，使屋内温度不会变化很大。由于智能玻璃控制了室内温度和亮度，可减少空调的使用频率和强度。

## 84．如何设置活动遮阳设施？

设置窗户遮阳对于减少太阳辐射，减轻夏季室内过热程度是十分有效的。比较常见的方法是采用活动遮阳设施，它可按用户自己的意愿安设。

与固定遮阳设施不同，活动遮阳设施是指非永久、可调节地遮挡太阳光通过窗口进入室内的装置。窗口上沿的活动篷罩、百叶窗、窗帘等都是常见的活动遮阳设施。

活动遮阳可以分为内、外两种，外遮阳的遮阳效率要远高于内遮阳，遮阳要求高的地方应该尽量安装外遮阳，这样做可把大部分辐射热阻挡在室外。但如果把活动遮阳设施安在室内，则安装和维护均较为方便。活动百叶窗帘分为水平式和垂直式两种。水平式对来自上方的太阳辐射更有效,易于用来遮挡南向辐射,而垂直式百叶窗帘对阻挡水平方向的辐射效果更好,对于防西晒比较有效。有些生产厂家将百叶帘等装在窗户的两层玻璃之间,这样窗户的内外两侧都不再需要增添其他的遮阳物,也是一种有特点的选择。

## 85. 应该怎样正确地安装窗帘?

窗帘的安设方法不同,其保温节能作用相差很大,特别是散热器设在窗户下面时更是如此。有的窗帘用一根钢筋(或铁丝)做窗帘杆挂住,窗帘杆与墙之间有较宽的空隙,窗帘又往往搭在散热器上,则热空气向上对流,玻璃窗吸去不少热量后,直上顶棚再折转,这种情况热能利用不佳;有的窗帘装有窗帘盒,窗帘上沿与窗帘盒之间有较宽的空隙,使热空气可向上对流,在窗帘盒内受阻后折转,这种情况略优于前者,但热空气仍要通过玻璃窗侧,浪费掉一些热能;在采用落地窗帘时,暖气主要加热了落地窗帘与窗户之间的空间,致使大量热能向窗外散发;为了节约热能,在使用落地窗帘时应将窗帘下部卷起放在窗台上为好;较好的办法是使用短窗帘,其面积应略大于窗户面积,其位置则要紧贴窗户，四周基本密封，此时热量在室内散发；如果能用双层窗帘遮严窗户，则保温情况更佳，通过窗户向外散发的热量更少。

## 86．怎样设置防寒门斗？

在外门口加设一个防寒门斗，可减少冷风进入楼内，使冷天房间更为舒适。防寒门斗的设置，首先要考虑门的朝向问题。我国北方不少建筑为了充分利用南向房间，把外门（多数为单元门）朝北向开，以致在外门敞开或损坏的情况下，北风大量灌入。因此，在加设门斗时，宜将门斗的入口转折90°，转为朝东，以避开冬天最多风向——北向和西北向，减少寒风吹袭。其次，还要考虑门斗的尺寸大小。如果是独户住宅，主人在开启门斗外门前，应先关上身后的第二道门，在请客人进入门斗内后，先关上外门，再打开第二道户门。因此，门斗后应至少有1.2～1.8m的空间，以便让客人进入；对于出门后有转折的门斗，其尺寸还应便于大件家具的出入；再则，门斗应该密封良好，在冬季起到避风防寒作用。

## 87．怎样正确安装暖气罩？

暖气罩安装不当，会妨碍散热器散发热量。从改善室内热环境和节约能源的角度看，当然是以不装暖气罩为好。如果住户很想安装暖气罩的话，那么，一要基本上不影响通过散热器的空气对流，二要基本上不妨碍散热器表面向室内热辐射，这两点应该引起重视。

因此，为了使通过散热器的空气对流顺畅，在暖气罩下部或侧面沿地面附近应留出5～10cm宽的长条空洞不被罩住，以便下部空气进入；在暖气罩正面沿上板下沿，也应留出相同宽度的长条空洞不被罩住，以便上部热空气流出。在暖气罩与墙壁之间上沿则不应留有间隙，否则向上流动的空气携带的灰尘，容易粘附在此处墙面上，造成脏污。与此同时，为了散热器表面向室内发出热辐射，应在暖气罩正面留出一大空洞，其面积略大于散热器。此处可用铁丝网或细木条网做部分遮挡。这种做法对散热器片的散热影响不大。

## 88．怎样使暖气产生良好的对流？

接触散热器的空气吸收暖气片的热量后，温度将提升，密度降低，因而对流上升，由下部温度较低的冷空气对流加以补足，如此反复循环不已。在散热器上部没有这种情况下，温暖的对流空气会一直上升到顶棚，然后再在顶棚处盘旋，降温后折转而下，造成室内顶部温度高、下部温度低。可在散热器上部约15~20cm处设置隔板，使加热后的热空气在隔板的引导下，流向房间的中央，正好为人们站立、行走或静坐工作、休息的高度，使室温较为均匀，也较为舒适。要注意隔板靠近墙壁处不要留有缝隙，应该密封严实，否则热空气会沿缝隙流动上升，降低热能效率，并由于所携带的灰尘使墙面上产生不雅观的污迹。

## 89．有什么办法可以改善冬天室温过低？

有的建筑，室内安设的暖气片不少，暖气的温度也不算低，由于建筑保温不良，冬天室温还是很低，于是只得加上电暖气，使用电负荷上升，电费增加，室内仍然冷热不均，使人感到很不舒服。

如果这个建筑结构完好，要从根本上解决问题，当然是全面进行节能改造。一时没有这个条件，住户也可以根据该建筑的实际情况，找出其中的薄弱环节，有针对性地采取一些简便易行的措施。例如加设厚层窗帘，门窗缝处加密封条，单层玻璃窗更换为双（三）层中空玻璃窗，阳台门芯板加保温层，外墙加设外保温层（或内保温层）等等。只要这样做了，就会起到立竿见影的效果。

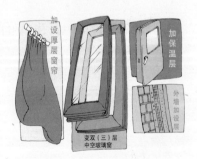

## 90．有什么办法可以改善夏天室温过高？

有的房间，特别是西晒房间，夏天闷热不堪，墙壁发烫，房间如同蒸笼，安装了大功率空调，也只在空调出风口处凉快一些，远一点的地方仍觉不舒适。

改善夏天过高的室温的基本途径：一是尽量减少房间的得热，包括减少进入房间的热量和减少房间的产热量；二是尽量促使房间的热量向室外散失；三是适当利用人工制冷降温。

如果建筑结构质量良好，应全面进行节能改造。如果目前没有这个条件，住户家庭也可以根据实际状况，找出其中的关键环节，有针对性地采取隔热措施。如设置外窗帘，最好是设置外遮阳卷帘，窗玻璃贴热反射膜或改用隔热玻璃，挂热反射窗帘，外墙面刷白，或种植攀爬植物，种植遮阳树木等。如果是顶层，在顶板荷载允许的条件下可以考虑架设倒置隔热层、设架空层、热反射层或屋顶绿化等等。

## 91．如何利用庭园植树做到夏凉冬暖？

庭园植树对室内起到夏凉冬暖的作用，一是由于树木吸收太阳辐射热，通过光合作用，把空气中的二氧化碳和水变成有机物，并从根部吸收水分，通过叶面蒸发，降低空气温度。二是繁茂的树木在夏季有良好的遮阳作用，而在冬季树木落叶仍可透过阳光。由于太阳倾斜角大，射入室内较深，室内获得太阳辐射热较多。三是树木有引导风向及挡风作用。按照当地不同季节的主导风向，成排栽种的树木，可引导夏季凉风进入建筑物，而在北面及西北面栽种的树木则可降低风速，起到挡风作用。

所种植的树木，宜选择长得较高、枝叶伸展较宽，夏日茂盛、冬季落叶的乔木。根据朝向的不同、宜林地区的不同，适宜选用的树木种类并不相同，其布置也有区别。

庭园植树要注意的问题，一是不要把树木种得靠房屋太近，以免树根破坏房屋基础；二是不宜把大乔木、大灌木正好种在窗口，以免影响视线、采光和通风。

 **92．如何利用爬墙植物和攀藤植物遮挡太阳辐射？**

爬墙植物如爬墙虎、常青藤，可爬墙生长；攀藤植物如葡萄、牵牛花、紫藤、爆竹花、珊瑚藤等，可沿棚架攀缘而上；一些瓜类、豆类和中草药也可顺杆上爬。这些植物在炎热的夏天生长茂盛，正好用于遮挡太阳辐射，吸收太阳热量。到了冬天，这些植物落叶，又不会妨碍建筑物接受日照。在门前或窗前、阳台前搭设棚架，使攀藤植物在架上生长，可形成挡板式或水平式遮阳。这种方法遮阳效果很明显，在盛夏季节，外墙外表面温度可降低4~5℃，室

内气温及外墙内表面温度也可降低1℃左右，但种植爬墙植物和攀藤植物后，室内采光有所减弱，风速有所降低，湿度稍有增加。

##  93．如何减少室内不必要的照明负荷？

随着生活条件的改善，人们对室内照明的亮度要求正在逐步提高，因而照明用电的需求量也在急速增长。然而，照明亮度并不是越亮越好，建筑物内应有适宜的亮度分布，照明的布局应符合不同的使用要求，过亮或过暗均不适宜。

为了减轻照明负荷，在白天要利用好日光，为此应要重视建筑朝向及窗户尺寸，以便接受到充足的日照量；当附近有高大建筑物遮挡，造成日照不足，室内阴暗时，可以设法增强建筑物墙面、周围地面对光线的反射，如白色或浅色地面对光线的发射，就能使室内较为明亮。

为了减轻照明负荷，在晚间则应充分利用好照明光源发出的亮光，减少光的损失。可提高室内墙壁、天棚、地面及家具等物品的光反射率，即采用白色或浅色装饰有利于表面发射光线，也有利于照度分布较为均匀。窗户应用不透明的或光反射性能良好的窗帘或百叶窗加以遮挡。这样可以使室内明亮得多。

## 94．什么是节能型空调器？

所谓节能型空调器，系指能效比（EER）高或者能效比（EER）和性能系数（COP）都高的产品。

能效比（EER）的定义为，在额定工况和国家标准规定条件下，空调器进行制冷运行时，制冷量（$Q_1$）与有效输入功率（NE）之比EER=$Q_1$/NE，其值用W/W表示。

性能系数（COP）的定义为，在额定工况（高温）和国家标准规定条件下，空调器进行热泵制热运行时，制热量（$Q_2$）与有效输入功率（NE）之比，即COP=$Q_2$/NE，其值用W/W表示。

目前国内对于空调器的能效比，即EER值高到多少才算是节能型空调，还没有具体规定。在国家标准GB/T 7725—1996中只对房间空调器的能效比（EER）、性能系数（COP）作了具体规定，指标在2.16～2.70之间，并且不能小于规定值

EER
COP

的85%。

鉴于国内目前空调器的生产水平,如果能够高于规定值,则可认为是节能型空调器。目前国内市场上出售的空调器,整体式(窗式)绝大多数都能达到规定值,而分体式只有部分生产厂的产品能达到或超过规定值。

目前,国家已经开始对房间空调器的能效进行认证及标识。房间空调器能效标识分为5级,1级最高即产品最节能。

 ## 95. 空调器应如何合理布置才能发挥其效率?

空调器的耗电量与空调器的内部结构有关,同时也与合理的布置、使用空调器有很大关系。下面具体说明分窗式空调与分体式空调应如何布置,以充分发挥其效率。

1. 窗式空调器的安装既要考虑室外条件,又要考虑室内要求,来确定最优位置。

(1) 应避免安装在阳光直射的地方。空调器不应安装在有油污等污浊空气排放的地方。

(2) 应根据房间不同的朝向,选择最合理的安装方位。北面是安装窗式空调器的最佳位置。

(3) 空调器两侧及顶部的百叶窗不允许遮盖,窗式空调器两侧与墙面,以及顶部与遮篷之间的距离一般应在60mm以上。

(4) 一般要求距空调冷凝器的出风口 1m 内不允许有障碍物。

(5) 空调器室内位置的选择应尽量使空调器所送出的冷风或暖风能遍及室内各个方位，空调器前不宜放置障碍物，以免造成气流短路。

(6) 空调器在房间内的高度应合适，一般要求应距离地面高度大于 0.6m，离天花板的距离应大于 0.2m。

(7) 有的空调器冷、热风的进风口不在空调器的正面，而在侧面，此时应将侧面的进风口突出在室外，其突出距离应不小于说明书上的规定值。

2．分体式空调室内机的布置

(1) 应安装在室内机所送出的冷风或热风可以到达房间内大部分地方的位置，以使房间内温度分布均匀。

(2) 对于窄长形的房间，必须把室内机安装在房间内较窄的那面墙上。

(3) 室内机应安装在避免阳光直照的地方，否则制冷操作时，将增加空调器的制冷负载。

(4) 室内机必须安装在容易排水，容易进行室内、外连接的地方。

3．分体式空调室外机的布置

(1) 室外机应安装在通风良好的地方。室外机不应安装在有油污、污浊气体排出的地方。

(2) 室外机的四周应留有足够的空间，其左端、后端、上端空间应大于10cm，右端空间应大于25cm，前端空间应大于40cm。

## 96．如何合理使用空调器？

如今，如何合理使用空调器来创造一个舒适安逸、空气清新的环境，节省能源，延长空调器使用寿命，已成为每个空调器用户十分关心的问题。

1．学习掌握一定的制冷空调知识，充分发挥所购空调器的各项功能。仔细阅读使用说明书，才能运用自如。

2．设定适宜的温度是保证身体健康、获取最佳舒适环境的最好办法。

（1）人体舒适感。一般来说，夏季人们衣着较少，环境温度22～28℃、相对湿度40%～70%RH。冬季，当人们进入室内，脱去外衣时，在温度16～22℃、相对湿度大于30%RH的环境下，人会感到十分轻松。

（2）室内外温差不宜过大。

（3）夏季室温过低，对人体健康不利。夏季室内温度的设定一般在25～30℃、室内外温差在5～8℃为宜；冬季室内温度一般设定在16～20℃为宜。

3．加强通风，保持人体健康。一般可利用早晚比较凉爽的时候开窗换气，或在没有阳光直晒的时候通风换气。

4．空调器使用中应注意的几个问题：

（1）空调器由于自身电容量较大，应有专用电源，连接要牢固，尽可能避免与其他家用电器共用同一电路，以防线路过载发生危险。

（2）除正常开关门窗外，房间应有严密的密封和保温，玻璃门窗应有窗帘遮掩阳光，以防止由于漏风和热传导造成空调负荷的增加。

（3）空调器的进出风口应保持畅通，避免各种杂物异物进入空调器内，空调器的过滤网要定期清洗。

（4）空调器的安装要牢固可靠，以减少振动和噪声。

 ## 97．怎样选用太阳能热水器？

目前我国市场上出售的太阳能热水器主要分为两大类——平板型和真空管型太阳能热水器。真空管型又可以分为全玻璃真空管和热管真空管。

选用太阳能热水器时，要考虑以下几个方面的因素：

（1）**热性能**：用太阳能热水器的日得热量、热水温度和水箱热损因数表征。日得热量越大、热水温度越高、

水箱热损因数越小的太阳能热水器，热性能越好。

(2) 安全、耐久性：要求太阳能热水器的材质耐腐蚀；热水器和水路系统能满足使用时的水压要求，不致泄漏；有防结垢的措施；能抗风、抗冰雹等外力作用；有过热保护措施，防止热水、蒸气造成人身伤害；在冬季气温可能低于零度的地区使用时，有防冻措施；应有10年以上的使用寿命。

(3) 便利性：构造合理，操作简便，外形尺寸符合建筑中的安装要求，组装、维修方便，重量轻、易搬运。

(4) 经济性：价格合理、性能价格比高。

我国已经颁布实施了针对太阳能热水器产品质量控制的一系列国家标准，并且建立了"国家太阳能热水器质量监督检验测试中心"，负责对太阳能热水器进行性能检测和质量评定。因此，用户在选用太阳能热水器时，应向销售人员索要由国家太阳能热水器质量监督检验测试中心出具的检测报告，选择合格产品；根据自己的使用要求，综合性能价格比全面考虑。

 **98. 选用节能灯合算吗？**

我们所要选用的节能灯，应该是效率高、寿命长、安全和性能稳定的光源，包括应有的电器附件，其目的是节约照明用电，提高人们工作和生活质量，并减少发电对环境的污染。这里所指的节能灯，就是"绿色照明"

工程着重推荐的紧凑型荧光灯和细管荧光
灯等高效照明灯具。这种灯具的发光效率
为白炽灯的6~8倍，一只16W的节能荧
光灯的亮度远高于60W的白炽灯。虽然节
能灯的售价较高，但其寿命要长得多，白
炽灯的寿命一般为1000小时，而节能灯的寿命达5000~10000小时。因
此，包括照明用电费用一起计算在内，使用节能灯对于个人和家庭也是合
算的。

目前，市场比较混乱，应该在大型商场或超市购买名牌节能灯产品，
质量才能有保证。

 ## 99．如何使电冰箱节电？

家用冰箱耗电量多少可以大不相同。这里介绍一些注意事项：

(1) 所购冰箱的规格应根据自己家庭的需要，不需要买过大的冰箱。
从我国居民的饮食习惯看，家用电冰箱以每人平均50升为宜。冰箱门应
密封良好，门缝与箱体之间四周应严密吻合。

(2) 电冰箱应放在阴凉通风处，要离开墙壁一定距离。

(3) 不要把热饭、热水直接放入，应先放凉后再放入冰箱内。

(4) 尽量减少打开冰箱门的次数。放入或取出物品动作要快，冰箱

门要关严。

(5) 要选择合适的材料包装冷冻物。不合理的包装会使食品味道散逸并变干，其中的水分还会很快转化为霜在冰箱内沉积。紧凑的包装容易冻透，比较省电。

(6) 箱内食品的摆放不宜过多过挤，存入的食品互相之间应留有一定间隙，以利空气流通。

(7) 根据所存放的食品恰当选择箱内温度，如鲜肉、鲜鱼的冷藏温度是-1℃左右，鸡蛋、牛奶的冷藏温度是3℃左右，蔬菜、水果的冷藏温度是5℃左右。可根据所存放食品的温度需要和环境温度，转动温控器进行调节，使冰箱内温度达到要求。

(8) 放在冰箱冷冻室内的食品，在使用前可先转移到冰箱冷藏室内逐渐融化，以便使冷量入冷藏室，节省电能。

(9) 要保持冰室内的清洁，及时除去霜层。化霜宜在放食品时进行，以减少开门次数。

## 100．如何节约炊事用能?

炊事节能可以从下面一些小事上着手:

(1) 每次做饭菜时，用锅的种类及大小要根据做什么样的饭菜、做多少饭菜来安排。使用过大或者过小的锅都会浪费能源。锅还应与炉眼大小相匹配，小锅就应该用小的炉眼。在用煤气时，火焰不要开得太大。

(2) 微波炉用于冰冻食品解冻或者熟食加热最为方便。如果家庭人口少，用多层锅一次做好，既快捷又省能。

(3) 用煤气作几样饭菜时，最好是一个炉子的几个炉眼同时使用，这样做饭，既省燃料，又省时间。如果有的炉眼煮的食物已经煮开，就可以把火苗拧小。

(4) 不要忘记在锅上放上盖子。加锅盖做的饭菜热得更快，也更鲜美。锅里加水要适量，一般是水没过所煮的食物就可以了。

(5) 水壶内结上水垢后，应该及时除去水垢，并把水壶洗干净。

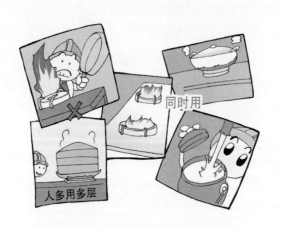